Design Presentation and Techniques

设计表现与技法

BASIC
PRESENTATION
TECHNIQUES

基础表现

田原 编著

中国建筑工业出版社

图书在版编目(CIP)数据

基础表现/田原编著.—北京：中国建筑工业出版社，2010.11
（设计表现与技法）
ISBN 978-7-112-12506-7

I.①基… II.①田… III.①建筑制图-技法（美术）
IV.①TU204

中国版本图书馆CIP数据核字（2010）第188266号

本套书是在2006年《室内外效果图表现技法》的基础上，结合当前国内外较常见的画材及设计软件改编而成的。从设计表现的角度强调设计与空间、材料、功能的连续性、趣味性和层次感。主要内容是室内外效果图表现技法的各项分类技法，既保留了原书中分类的部分，更有针对性地介绍各项技法，使读者可以根据自己的需要选择适合自己的方法加以练习，达到更好的学习效果。共分3册：

1. 基础表现（基本常识、绘图基础、水彩技法、水粉技法）
2. 快速表现（水色、彩铅、马克笔、综合表现）
3. 电脑及综合表现

对于初学者来说，本书结构清晰，内容由浅入深，循序渐进。对于有一定基础的设计师来说，本书将有助于您建立起绘图的整体理念，让您对设计和绘图流程的理解有一个大的提高。在内容上自始至终都把理论讲解和实例相结合，把表现技法融会贯通地应用到实际绘图之中。同时更注意对关键步骤的绘图技法进行精辟的讲解。

基础表现篇（基本常识、绘图基础、水彩技法、水粉技法）需要一定时间的训练，主要从基础的角度介绍水彩、水粉，包括各项的步骤图，工具的使用，同纸的对话，以及各种工具的综合表现和实例分析，适合喜欢绘画技法的或学习初期的设计人员用作参考书。

同时本套书可作为建筑学、建筑装饰、环境艺术、城市规划、园林景观等专业的教材，还可用作土建类及其他专业的选修教材，对建筑师、室内设计师、景观设计师和专业人员提高专业水平也会有一定助益。

责任编辑：费海玲
责任设计：董建平
责任校对：马 赛 王 颖

设计表现与技法
基础表现
田原 编著

*

中国建筑工业出版社 出版、发行（北京西郊百万庄）
各地新华书店、建筑书店经销
北京美光制版有限公司制版
北京尚唐印刷包装有限公司印刷

*

开本：880×1230毫米 1/16 印张：$6^1/_2$ 字数：208千字
2011年7月第一版 2011年7月第一次印刷
定价：48.00元
ISBN 978-7-112-12506-7
(19764)

前言

FOREWORD

众所周知，创造力是人类伟大的智慧，如何将创造力表达出来，是无数艺术家、设计工作者苦苦思索的问题。一位设计师如果无法表达自己的设计意图就如同一个人失去了语言能力。因此，绘制设计表现图是表达设计师创造力的最方便直接的方法之一，也是设计师应具备的基本技能。

设计表现图凭借绘画的表现规律和原理来描绘想象中的设计形象。因此，掌握一些绘画基本规律和基本原理并加以灵活运用是绘制设计表现图的关键。环境艺术设计表现图以透视图画法为基础，对设计的形态、材质、色彩、光影以及环境气氛等预想效果进行综合的客观表现，与传统纯绘画强调作者主观感受相比，具有明显的实用性。对设计师来讲，借助设计表现图可以把设计构思意念不断地扩张、推动、评估，直至将其发挥至完整。设计表现图既是一种设计手段，又是设计构思的结果。

本套书是在2006年出版的《室内外效果图表现技法》的基础上，结合现阶段国内外较常用的材料和设计软件所作的修订和增补，每册包括表现图简述，表现图的基本要素、相关的基础知识，各类专项技法和以专项为主的综合表现技法等。每部分从简单扼要地介绍一些绘制设计表现图的基本知识、原理、主要规律以及一些程序化作图的方法，到解析及分步骤演示各种表现技法，同时结合教学，由易到难、从基础到综合地加以阐述。选用当前表现技法中的优秀作品进行讲解说明，重点联系设计作品的单项工具作具体说明。主要供环境艺术设计专业的学生学习使用，希望能对有一定绘画基础的同学有所帮助。环境艺术设计表现图技巧的获得要靠长期的实践、体会和磨炼，唯有如此，才能充分、自如地表达设计构思。设计表现技法的种类较多，分类的方法也不尽相同。虽然有些分类的方法可能不科学或不完整，但不管如何分类，其目的只有一个——便于学习。通过进行各种技法的练习，熟悉在不同情况下采用不同的技法进行表达，最后的结果应是不管你采用何种工具和材料，运用何种技法，只要能充分表达设计意图、符合设计要求即可，这正是人们学习设计表现技法的目的。

本书撰写过程中，得到了许多同行同事及老师的帮助，水晶石电脑图像公司提供了精美的电脑图片，北京林业大学环艺专业的学生为本书提供了大量的图片，有些图片无法一一注明作者，在此表示感谢。

由于作者学识所限，书中难免存在疏漏，请专家、同行指正。

录

CONTENTS

第一章 表现技法的基本常识

第一节 表现技法的定义和表现技法的作用

一、表现技法的定义

室内外效果图表现技法是指可以通过图像（图形）来表现室内设计思想和设计概念的视觉传达技术。包括：正投影制图、室内设计表现图（又称室内透视效果图）、模型、电脑动画、摄影、录像等表现手段。

室内外效果图表现技法离不开造型艺术基础的表达与发挥。不少在这方面的成功者大都有良好的绘画造型能力与扎实的基本功，因为设计的功力与表达设计语言的水平也来自各方面的基础与实力。

研究、探讨和学习室内外效果图表现技法离不开这一前提，否则达到一定的水平时自身就会有一种营养不良的感受，即基础不稳固尚需补充或加强这方面的学习，以便再提高一步。室内外效果图的绘画基础应作为一项专门学问来探讨，不少从事这方面工作、研究的同仁们都有此体会。

绘画基本功有两项。一是内功，二是外功。内功须从造型能力与艺术素质上全面整体地去进行训练。如绘画上的素描、速写、色彩、构图等的应用与表达能力和良好的色彩感，空间大体造型、多维的艺术感受力与体会，比例、尺度、空间、造型、色彩诸方面的综合艺术和统一概念与修养。总之，内功是一种较高的艺术鉴赏力与手头表达能力。正所谓“冰冻三尺非一日之寒”，这种内功的锻炼与造就，来自于长期修养与偶尔得之，各行业的设计师与从事建筑与室内设计这方面工作的人都应清楚这一点。外功则离不开毅力，要经常不断地下苦功，加强速写与临摹的练习，把手、眼、脑的有机配合作为每天的必修功课。如室内外效果图表现技法中色彩表现的基本法则，单纯看色彩学不行，要立足于实践，要从大量的绘画练习中去体会色彩在效果图中所表现的一般规律与特殊规律。要通过大量写生变化及整理的练习，提高对色彩的认识，总结新的规律。

练习速写、画人物、植物等也是如此，功到自然成。就室内外设计效果图的绘画基础而言，内功、外功有了一定的功力，则不难看出水平的高低来。

室内外效果图表现技法，涉及的范围比较广，包括空间构造、气氛烘托、色调、绿化、家具陈设、装饰艺术品、点景等，表现起来需要比较细微，空间、光影、材料肌理都要具备相当的深度。因此一张优秀的室内透视图，不仅要求空间透视准确，设计新颖脱俗，有适当的表达形式与之相配合，而且还要求设计者具备一定的绘图基本功与审美能力，这样才能把一个单调的空间透视构造，变成一幅或宏伟或温馨或优雅或浪漫的充满情感的室内外设计效果图。

二、表现技法的作用

效果图是一种近似真实景物的绘画，它是设计过程中必不可少的表现形式。

室内外设计的完整构思只是整个设计的一半，要把设计意图形象化地传递给业主，就必须通过效果图来表现。效果图是表达设计方案和发展设计构思的重要手段，它不但能表达设计者的全部构思，同时也能把顾客引到设计者所绘制效果图的意境中去，体验竣工后的实际效果。另外，它也是施工操作的第一依据。

绘图工具

在商品经济发展的今天，各行各业都充满着竞争，室内外装饰设计也不例外。谁能在竞争中取胜，除方案本身外，一幅具有强烈感染力的效果图也有着举足轻重的作用。它往往能起到吸引顾客注意力，并使顾客明确感受设计者的整个艺术构思和色彩处理的意图。效果图是设计预想的体现，也是设计者的自我销售，同时，也是对业主的设计推荐。因此，效果图表现质量的好坏，直接影响设计投标者的成败。要想在竞争中取胜，设计者必须在效果图上下功夫，因而，掌握效果图的表现技法是十分必要的。

第二节 效果图的绘画特点和表现技法的种类

一、效果图的绘画特点

室内外设计效果图虽不是纯艺术作品，但它具有一定的艺术魅力，它融艺术与技术为一体，一幅优秀的效果图本身也是一件好的装饰品。它具有以下特点：

1. 创意性：满足思维和形态的丰富想像力。
2. 偶发性：把预想向现实靠拢，是想像通向现实形态的桥梁，并使新形态促进思路的展开，产生更新的形态。
3. 真实性：通过色彩、质感的表现和艺术的刻画，达到室内环境的真实效果。
4. 说明性：能较正确地让业主了解到新的室内空间环境在一定气氛下所产生的效果。
5. 完整性：注意整体关系的协调，在统一的色调、统一的环境气氛和构图之下，可以进行细部刻画。

二、表现技法的种类

室内外设计效果图的表现手法，就绘制材料和手段来说是多种多样的，主要包括：

1. 水彩表现技法
2. 水粉表现技法
3. 透明水色技法
4. 铅笔淡彩表现技法
5. 钢笔淡彩表现技法
6. 彩色铅笔表现技法
7. 马克笔表现技法
8. 喷笔表现技法

9. 综合表现技法

10. 照相透明色渲染表现技法

11. 剪贴法表现技法

12. 电脑效果图技法

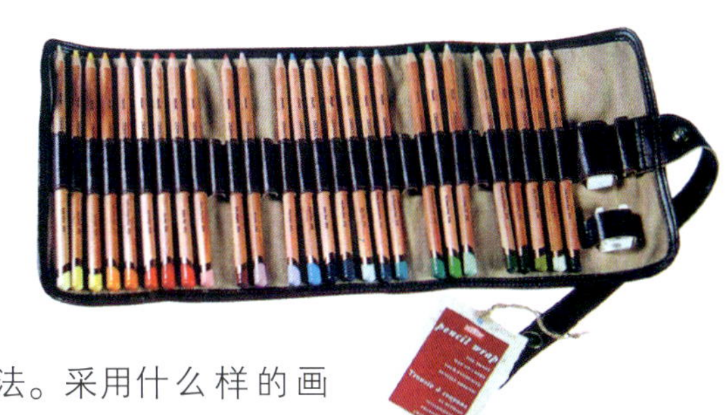
水溶性彩色铅笔

其中水粉、水彩、透明水色技法以及马克笔、彩色铅笔表现技法、综合表现技法、电脑效果图技法等，是目前较为普遍使用的画法。采用什么样的画法最为合适，这需要根据设计规模的大小、设计所需的时间、设计方案的简繁、装饰材料的质感和色彩、设计绘图者本身的习惯及所掌握的表现技能来决定。

第三节 表现技法课程的设置安排

一、教学基本要求

室内外设计效果图能形象直观地表现室内外空间，营造室内气氛，观赏性强，具有很强的艺术感染力。在设计投标和设计定案中起很重要的作用。因为效果图最为甲方和审批者所关注，它提供了工程竣工后的效果，有着先入为主的感染力，有助于得到甲方和审批者的认可。和其他表现手段相比，效果图具有绘制相对容易、速度快等优点。在教学体系上，效果图首先要有准确的空间透视，运用画法几何的方法绘制透视是比较严谨、复杂的过程。要表现精确的尺度，包括室内外空间界面的尺度、装修构造的尺度、家具陈设的尺度。还要表现材料的真实固有色彩和质感，要尽可能真实地表现光和物体阴影的变化。循序渐进地训练学生的设计表现能力，培养其设计师的基本技能。

绘图工作室

二、课程教学内容及学时分配

课程内容：

第一周 基本技法。 8学时

（工具使用，拷贝，裱纸，涂色等），准备材料工具 4学时

绘制简单的单体训练效果图 4学时

作业1：

材质临摹（家具、金属、木材、石材、玻璃、织物、植物、器皿等） A2 一张（使用材料不限）。

图标图签的要求：作业名称、日期，等。

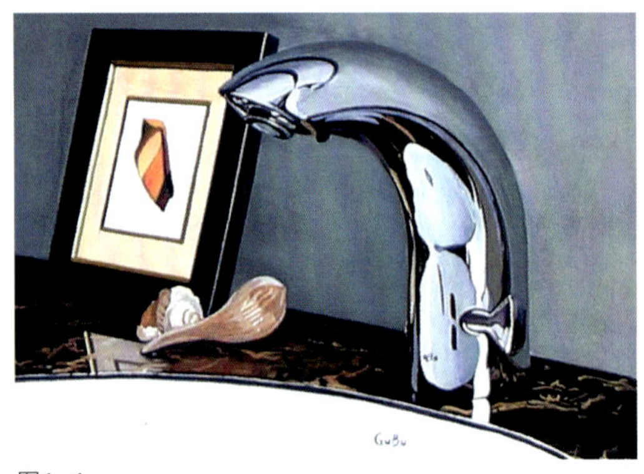

图1-1

图1-2

■ 用签字笔和貂毛笔来做最后的细节刻画，重新确定一些可能已被颜色覆盖的形体的印迹。

图1-3

■ 为了增强倒影的朦胧感，可在画面干透以后用毛笔沾水柔化一下，使物体倒影周围的颜色模糊不清；但用力要轻，以免把纸弄起毛。

图1-4

■ 体现砖与木材的对比。

图1–1
作者：谭灿宇
年级：02级
学时：2学时
尺寸：150mm×250mm
材料：水粉 绘图纸

图1–3
作者：刘媛欣
年级：03级
学时：4学时
尺寸：150mm×200mm
材料：水彩

图1–5
作者：李晶晶
年级：02级
学时：4学时
尺寸：150mm×250mm
材料：水粉 水彩纸

图1–2
作者：谭灿宇
年级：02级
学时：2学时
尺寸：150mm×250mm
材料：水彩 绘图纸 签字笔 貂毛笔

图1–4
作者：刘媛欣
年级：03级
学时：4学时
尺寸：150mm×200mm
材料：水彩

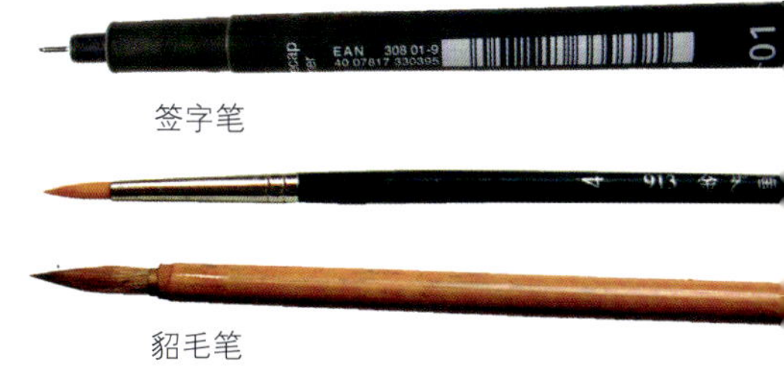

图1–5
■ 通过水粉颜料干湿结合的画法，充分表现了皮质沙发的质感。

图1-6
■ 用水溶性彩铅来刻画木板的细节，因为彩色铅笔硬实，这就使得在刻画细小地方的时候可以表现得更为准确。

图1-7

第二周　分类表现技法室内效果图。　8学时

作业2：

局部空间照片临摹（空间、光影、质感、器物等），小范围的场景练习 A2 一张（使用材料不限）。

图1-6
作者：谭灿宇
年级：02级
学时：2学时
尺寸：60mm×250mm
材料：水溶性彩铅 水彩

图1-7
作者：孙凤娟
年级：99级
学时：4学时
尺寸：400mm×700mm
材料：水粉 水彩 水彩纸反面

图1-8
作者：孙凤娟
年级：99级
学时：4学时
尺寸：400mm×700mm
材料：水粉 水彩 水彩纸反面

图1-9
作者：孙建刚
年级：03级
学时：5学时
尺寸：200mm×500mm
材料：水粉 彩色铅笔 细纹水彩纸

图1-8
■ 作者在沙发上的阴影的描绘上利用白纸作为亮部调子，是在一处未触动过的纸的周围画出的水彩色调。

图1-9
■ 光线确定出物体的形体，用暗的透明颜料画出阴影，用亮的不透明颜料画受光面，用铅笔重新确定形体，例如不锈钢龙头这样的细部，这些精彩的细线条，可以产生较好的形体感，并有助于突出前景中的物体形象。

第三周 精细的多种技法（水粉）室内效果图。 8学时

作业3：

室内一角照片临摹 A2 一张（使用材料以水粉为主），通过小范围的场景的练习，将前一次练习中所取得的经验在本次练习中得到延续，注意物体之间的相互关系。

图1-10
作者：赵冰
年级：02级
学时：5学时
尺寸：200mm×300mm
材料：水粉 水彩纸

图1-11
作者：赵冰
年级：02级
学时：4学时
尺寸：270mm×250mm
材料：水粉 水彩纸

图1-10
■ 训练柔和光线下的色彩关系。

图1-11
■ 运用强烈的反差效果来表现室内的阳光。

第四周 精细的多种技法（水彩、透明水色）室内效果图。 8学时

作业4：

室内一角照片临摹 A2 一张（使用材料以透明水色为主），通过小范围的场景的练习，将前一次练习中所取得的经验在本次练习中得到延续，注意物体之间的相互关系及空间关系。

图1–12
作者：李倪军
年级：02级
学时：4学时
尺寸：400mm × 600mm
材料：透明水色 水彩纸

图1–12

图1–13

■ 这张是上图的局部，用貂毛笔精致地刻画一些小的细部，以加强玻璃的质感；同时使用界尺能使作画时得到很大程度的支持度和准确性。

图1–13
作者：李倪军
年级：02级
学时：4学时
尺寸：600mm × 400mm
材料：透明水色 水彩纸

图1–14
作者：李倪军
年级：02级
学时：3学时
尺寸：180mm × 300mm
材料：透明水色 水彩纸

图1–14

第五周 精细的多种技法（水彩、透明水色、水粉等）室内效果图。 8学时

作业5：

室内照片临摹 A2 一张（使用材料以水彩，透明水色，水粉等为主），将前一次练习中所取得的经验在本次练习中得到延续，注意物体之间的相互关系及空间关系。

图1-15
作者：王潇潇
年级：02级
学时：8学时
尺寸：420mm×594mm
材料：水彩 水粉 水彩纸

图1-16
作者：姜璐
年级：02级
学时：8学时
尺寸：594mm×420mm
材料：水彩 水粉 肯特水彩纸

图1-17
作者：姜璐
年级：02级
材料：水彩 水粉 肯特水彩纸

图1-15 通过色彩对比，注重灯光色彩的表现。

图1-16 画在质地优良的肯特水彩纸上，不难看出纸面的质感，作者利用非常柔和的纹理，画出室内错综复杂而细节精致的陈设；同时又给人以强烈的空间透视感。

图1-17 注意材料的特性及运用和光线的表现。

图1–18

图1–18

作者：张永琳

年级：01级

学时：8学时

尺寸：420mm × 594mm

材料：水粉　彩色铅笔　马克笔　针管笔　水彩纸

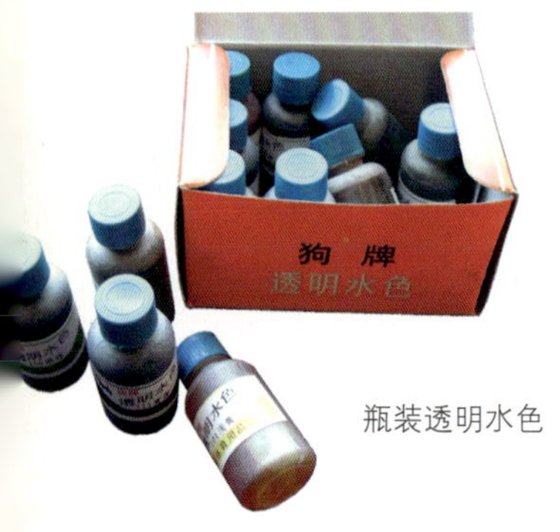

瓶装透明水色

第六周　各类室内与建筑的快速表现技法综合技法表现（水粉、彩色铅笔、透明水色、水彩、钢笔、马克笔等），简称1/4 画法。　8学时

作业6：

室内外大照片临摹 A2 一张（使用材料以水粉、彩色铅笔、透明水色、水彩、钢笔、马克笔等为主），用不同的材料分别绘制室内空间，注意物体之间的相互关系及空间关系。表现出空间的结构气氛以及材质的质感等，画面深入完整。

有两种作业表现形式：1. 使用材料以水粉、彩色铅笔、透明水色、水彩、马克笔等为主，有明显的界限，分四部分绘制。2. 使用材料以水粉、彩色铅笔、透明水色、水彩、马克笔等为主，绘制成完整的图片，没有明显的界限，很难区分出不同的四部分。

图1-19

■ 用不同的工具来表现同一个空间，充分了解材料的特性用途及表现效果。

图1-20

图1-21

图1-19

作者：牛宏志

年级：03级

学时：16学时

尺寸：400mm×600mm

材料：彩色铅笔 马克笔 针管笔 水彩纸

图1-20

作者：蔚一潇

年级：01级

学时：8学时

尺寸：400mm×600mm

材料：水粉 彩色铅笔 水彩纸

图1-21

作者：齐潇

年级：00级

学时：8学时

尺寸：400mm×600mm

材料：彩色铅笔 水彩 细纹水彩纸

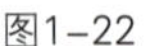

图1-22

■ 用四种不同种类的技法来表现同一幅画面，使画面整体色相相对重要，比如说墙体色，如果颜色不统一将会使画面分离。每种表现技法交接处也要注意统一，同时注意光感与空间的处理。这是一张高调作品，明暗对比十分重要；两侧柱体是前景，很好地拉开了空间，使整体空间的远、中、近景有机地结合。

图1-23　在两种技法之间的交接处，注意色相的统一，同时也要注意光感的体现，受光面在右侧，注意到颜色的冷暖对比。

图1-24　拱券的地方用水色处理，方法较难控制，先在一张纸上调试好颜色，色相一定要准，拱门要提起来，暗部需要透进去，把空间拉开。

图1-25　柱体细部刻画尽可能地处理好，把握虚实关系的同时也要注意要与后面的墙体拉开空间关系。

图1-26

图1-22

作者：徐子超
年级：03级
学时：12学时
尺寸：800mm×600mm
材料：彩色铅笔　水色　水彩　水粉

图1-23

作者：徐子超
年级：03级
尺寸：800mm×600mm
材料：水彩颜料

图1-24

作者：徐子超
年级：03级
尺寸：800mm×600mm
材料：透明水色

图1-25

作者：徐子超
年级：03级
尺寸：800mm×600mm
材料：水溶性彩色铅笔

图1-26

作者：徐子超
年级：03级
尺寸：800mm×600mm
材料：水粉颜料

■ 椅子坐垫注意光感的处理，椅腿之间的空间和色彩上的处理也十分重要，拉开前后的关系，对比要强烈。

第七周 综合技法表现（水彩、透明水色、水粉、彩色铅笔、钢笔、马克笔等）。 8学时

作业7：

根据平面自行设计并绘制效果图，A2 一张。通过练习将前一阶段照片临摹过程中学到的知识运用到本次作业中，逐步完成从临摹到创作的过程。

图1-27

作者：齐潇
年级：00级
学时：12学时
尺寸：400mm × 600mm
材料：彩色铅笔 透明水色 马克笔 细纹水彩纸

图1-28

■ 该设计灵感来自于被风吹起的帆，作者想通过“布”来表现微风吹过的感觉。整体气氛让人放松，给人以休闲的感受，以达到休息的目的。

图1-28

作者：彭雕
年级：99级
学时：8学时
尺寸：600mm × 600mm
材料：签字笔 透明水色 水彩 细纹水彩纸

图1-27

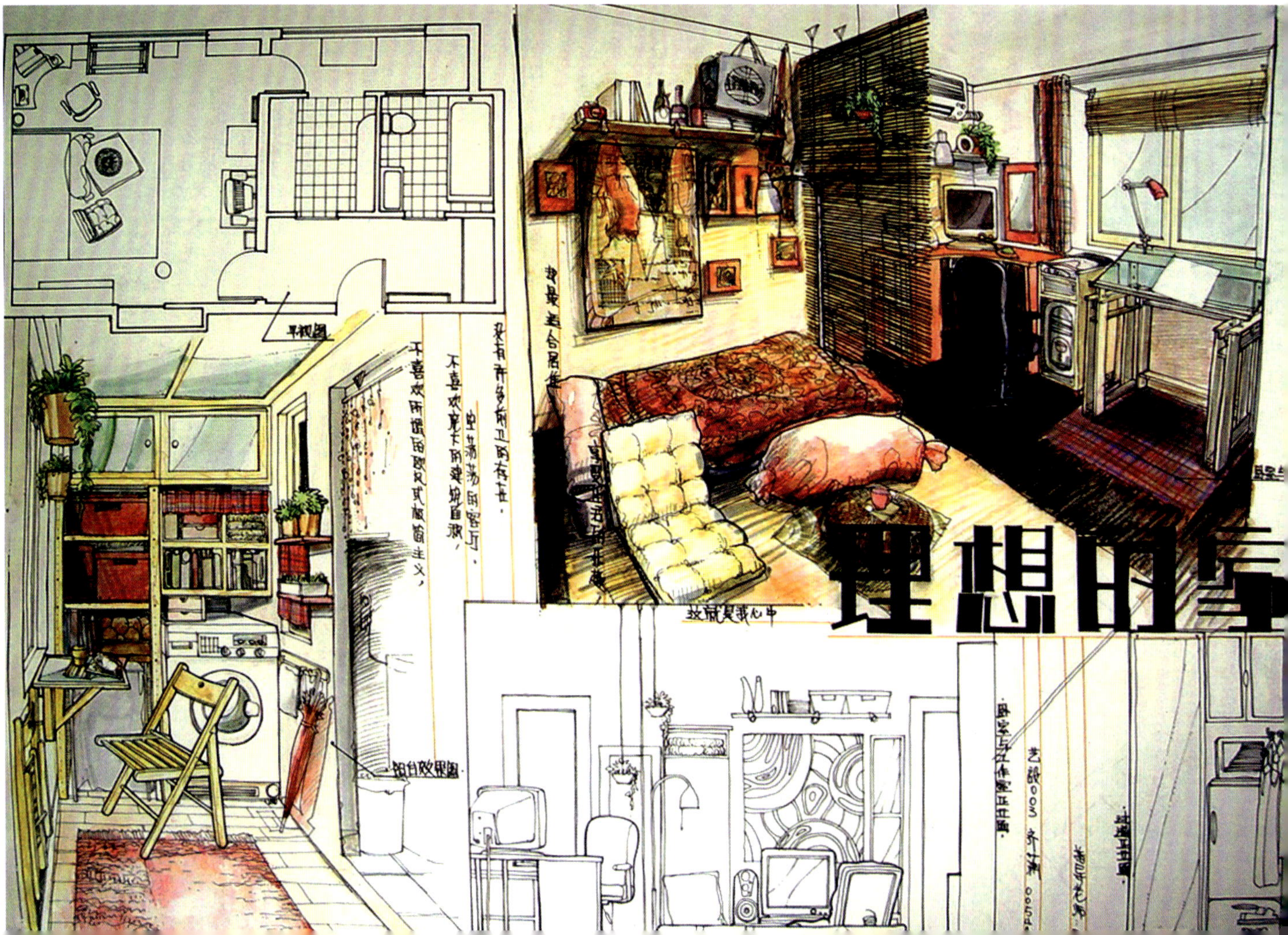

第八周 综合讲评。 4学时

每次课上总结讲评上节课的作业及布置作业，介绍国内外好的效果图，以原作和多媒体教学为主。

图1–29
作者：Richard Rochon（美）
材料：石墨铅笔 绘图纸

图1–30
作者：Hideo Shirai
材料：白板纸 制图笔 马克笔

图1–29

中杆中头马克笔

方杆宽头马克笔

图1–30

■ 马克笔是一种很理想的快速绘图工具。精致的和宽头的马克笔在这张图上的表现令观者很兴奋，给人以深刻的印象。但缺少设计细节。

图1-31 水彩的特点是透明，它对于色彩对比的平衡是很重要的，这幅作品的远近虚实的表现，室内外光线的冷暖都用水彩表现得淋漓尽致。

图1-33

图1-32

图1-31

作品：加利福尼亚埃斯孔迪多艺术中心
作者：Al Forster
尺寸：430mm×360mm
材料：水彩 水彩纸

图1-32

作品：佐治亚海岛海洋森林
作者：Curtis James Woodhouse
尺寸：310mm×180mm
材料：水彩 水彩纸

图1-33

作品：巴尔的摩艺术表演中心
作者：Thomas Wells
尺寸：460mm×610mm
材料：彩色铅笔 水彩 水彩纸

块装水彩

图1-34

图1-35

■ 具有快干特性的淡彩画，可以允许在以前的画面上很快的覆盖，有利于绘画者更生动地表达自己的感受。

图1-34

作品：奥兰多的俄耳甫斯

作者：Thomas Wells

尺寸：560mm×760mm

材料：水彩 水彩纸

图1-35

作品：悉尼歌剧院

尺寸：470mm×870mm

材料：淡彩画

图1-36

作品：纽约王牌国际酒店大厦

作者：Richard Baehr

尺寸：350mm×680mm

材料：淡彩画

图1-37

作品：路得歌特大厦/伦敦河畔

作者：Fitzrop和Robinson合作

尺寸：712mm×483mm

材料：丙烯 水彩 水彩纸

图1-36 淡彩画是一种很强大的近乎万能的技法，可以本质地表现出任何建筑和设计的想法。

图1-37

■ 该建筑的设计被有意地设计为色彩明亮，开放性的，运用渲染的手法形象地描绘反射到对面的建筑物。同时对于周围的环境的刻画，表现了建筑的重要的地理位置——在轻轨和伦敦河畔。

图1–38 该作品是在拷贝了照片后按照与照片一致的透视角度绘制的设计效果图。整个渲染图的色彩与细节把握得很好，基本上是在素描稿上着色。

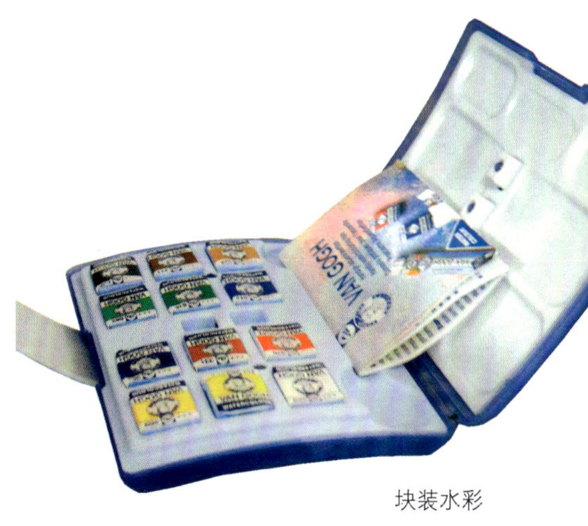

块装水彩

图1–38

作品：办公楼与广场

作者：Frank Costanting

尺寸：520mm × 860mm

材料：铅笔与彩色铅笔 蜡笔 石墨铅笔 5B～HB拷贝纸 素描纸

图1–39

作品：伊利诺伊州芝加哥市北密歇根大街840号

作者：Gilbert Gorski

尺寸：430mm × 810mm

材料：彩色铅笔 水彩 喷笔 水彩纸

图1–39

图1–40

作品：Jakarta酒店设计图

作者：John Haycraft

尺寸：763mm × 1017mm

材料：水粉综合技法 水彩纸

图1–41

作品：埃平美食广场太平洋购物中心（澳大利亚）

作者：Jane Grealy

尺寸：420mm × 920mm

材料：树胶水彩画（不透明的水彩颜料混合的作画方法） 水彩纸

图1–42

作品：法式餐厅Mark Wearne

作者：David Hiclcs

材料：管装水彩颜料 细制水彩纸 5、7、10号平刷 3mm细毛笔 自动铅笔 12号喷笔 白水粉颜料 细滚珠笔 石墨铅笔 HB拷贝纸

图1–40

■ 运用大面积对比色的手法，渲染了Jakarta的天空在光和大气的烘托下的酒店。

图1–41

图1–42

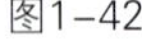 这幅作品是一个豪华酒店中的一个重新设计的法式餐厅的效果图，充分地表现了餐厅空间的比例，疏密得当。自然采光和吊灯的照明表现得十分充分，特别是对于材质的表现极为生动。

图1-43　该设计是将仓库改造为办公建筑，原建筑为19世纪传统样式的红砖和金属窗架，新设计在满足功能需要的同时，着重描绘设计的周围环境，在描绘前景的树干时，局部用白蜡勾出形体的阴影，使画面十分生动。

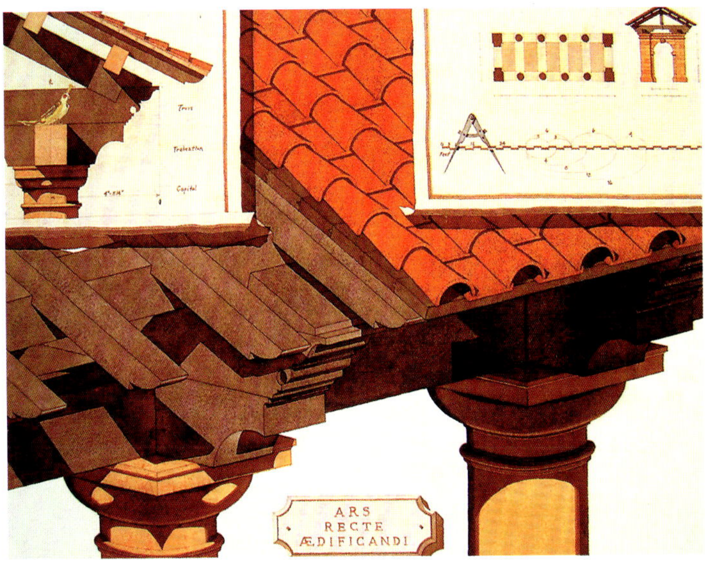

图1-43
作品：考文垂办公建筑
作者：David Purser
材料：管装水彩颜料　水粉颜料　水彩纸
拷贝纸　石墨铅笔　TH和F的毛笔

图1-44
■ 这个设计绘制的是个意大利小镇上的Tuscan广场上的凉廊，图中展示的是一个传统的19世纪的细节做法。

图1-44
作品：古罗马的公共建筑物
作者：Thomas Norman Rajkovich
尺寸：508mm×610mm
材料：水彩　墨水笔　水彩纸

三、评分标准

满足题目的要求，整体统一，对比调和，秩序节奏，变化韵律等等。注意画面素描关系，虚实关系，构思法则。表现图中体现的空间气氛，意境色调的冷和暖同样靠绘画手段来完成。作为设计表现图则要求画面效果要忠实于空间实际，画面要简洁、概括、统一。 课程评分以作业为主。

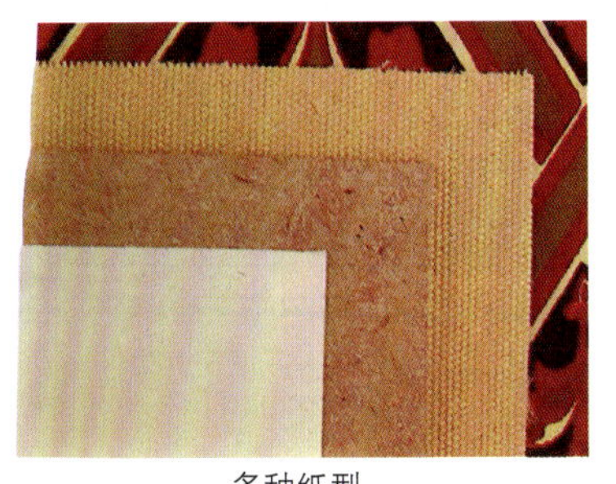
多种纸型

四、本课程与其他有关课程的联系和分工

本课程选修课程为：素描、色彩、透视、人体工学。

第二章 表现技法的绘图基础

在儿童时代，我们都喜欢涂涂画画，但是，越是上了年纪，似乎就越是忽视绘画作为信息交流手段和娱乐的生动来源的重要意义。尽管摄影技术日益盛行，但绘画仍然是直接传达信息的最佳手段之一。艺术家，尤其是设计师，实际上更喜欢画，因为一幅充满细节的详图可能比照片更精确，更能提供丰富的资料，因为它经过了筛选与加工。许多领域出于鉴别的目的，都需要靠详尽的图画作指导。

第一节 素描

一、素描方法

素描是一种技法，它会随着实践而提高，而且你对工具材料的知识掌握得越多，你的素描就会画得越好。例如，你对铅笔、钢笔和墨水或者是孔泰粉笔的选择，会影响你的素描面貌，而且也可能是这个工具比另一个工具更符合你的意图。你需要用不同的工具画素描，为的是使你自己能熟悉它们，能发现哪种工具可用，能知道哪种工具最适合于你。钢笔和墨水对优美、纤细的

图2–1

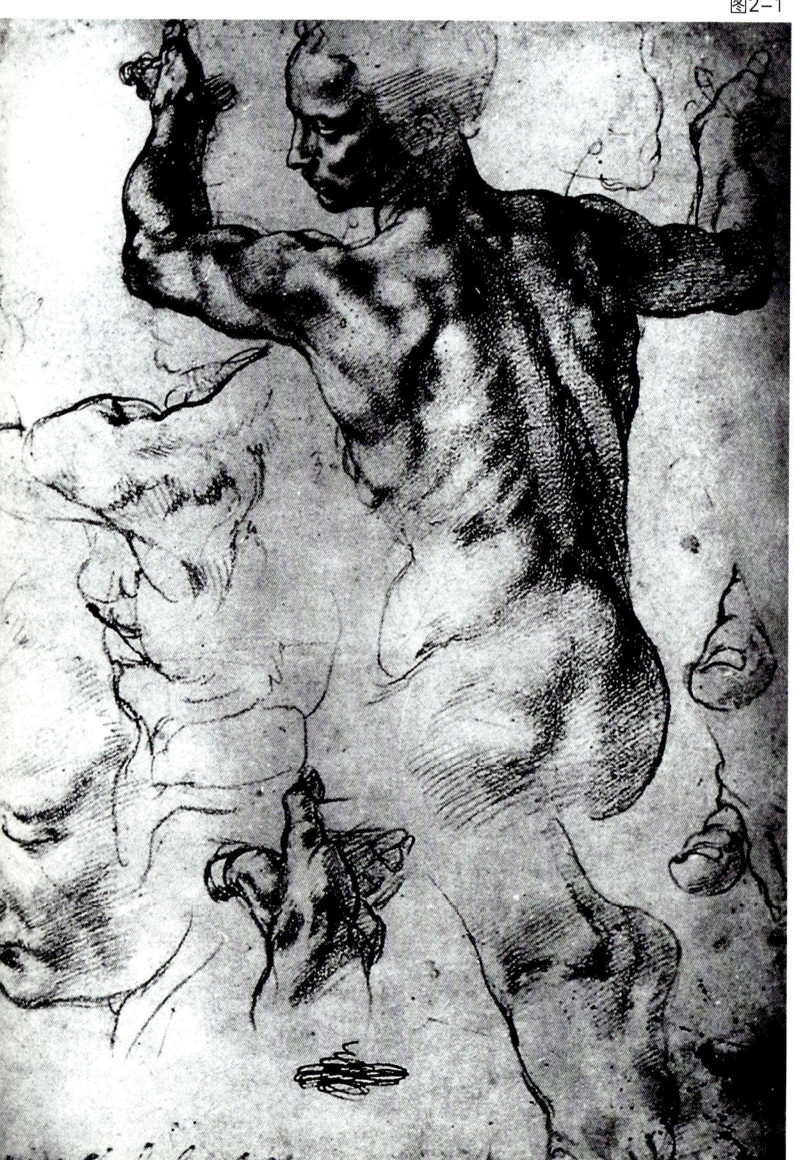

图2–1

作品：利比亚女巫

作者：米开朗琪罗·博纳罗蒂

尺寸：290mm×215mm

材料：红粉笔

■ 《利比亚女巫》是米开朗琪罗所作西斯廷教堂天顶壁画之一。他的作品不以题材内容和历史事实为重，而着重表现人的品质——崇高道德和坚强意志。据《圣经》记载，利比亚是一个女巫，年轻美貌，具有先知的才能。米开朗琪罗为此作图，曾作多幅肌肉坚实的男性及女性的人体素描。本图是为男性人体所作的写生。素描上出现的人体，正是壁画所需要的部分，而头饰及衣服遮盖部分都未画出，人体的姿势既来自现实，却又不模拟现实，充满力的感觉和英雄气概。画中两次描绘了左手的细节，三次描绘了左脚趾紧张用力的姿势，这透露着画家为追求人体各部肌肉、表情的完整和统一所作的反复研究和努力。

线条是很理想的，而画笔和墨水则既能勾画优美的线条，又能涂抹宽阔的色调，笔触变动范围很大。一旦你认识了你的工具材料的性能和局限，你就能作出正确的选择，使其适于你所画题材并合乎你想要创造的情调。以后，你在着手画一幅作品时，就会对所画题材与工具材料适应关系有一个明确的看法（图2–1、图2–2）。

二、素描基础

我们周围所见的许多东西都可在纸上简化成一系列非常基本的形状。最常见的形状是立方体和球体，你开始画素描时用这种方法去观察物体是非常有帮助的。具有平行边、面的规则的箱子形状，很容易作素描练习，而且也是理解直线透视的基础，因为集中于一点的线将使你能够创造出一个较好的结构和深度感。周围的物体是相当复杂的，它们有的可能是由一系列椭圆形构成的，这在开始很难画得准确。不管怎样，最好的方法就是千方百计努力去画立体结构的物体，收集家常用品，练习画出它们的不同形状（图2–3a、图2–3b）。

三、线条素描

线条是素描中最基本的表现形式，素描线条所具有的力量和多方面的适用性，意味着它有描绘广

图2–2

图2–3a

图2–3b

图2–2
作品：夜间的咖啡馆
作者：文森特・凡・高
尺寸：810mm × 655mm
材料：布上油画

图2–3a
作品：结构素描
作者：周春华
学时：8学时
尺寸：600mm × 420mm
材料：铅笔 素描纸

图2–3b
作品：素描
作者：曾亚奴
学时：8学时
尺寸：600mm × 420mm
材料：铅笔 素描纸

图2-4

作品：手的习作
尺寸：215mm×150mm
材料：银尖笔画于粉红色纸上高光加白
作者：列奥纳多·达·芬奇

■ 达·芬奇的笔记上写道：画家要追求者二，即人与心灵的意向。前者易，后者难，而后者必须籍四肢之动势来表现不可。因此他对人物的姿势，特别是手的动势和表情，总是推敲研究。1475-1480年左右，他画了吉尼芙拉·德·宾契肖像，这是一幅精细的刻画性格的妇女肖像画。然而画的下端约有20cm被割去了，据美术史家推测，该部分画了两只重叠的手，本幅素描可能即是该画的手的习作，表现了画家对手的表情及动态的研究，是芬奇的重要素描作品之一。

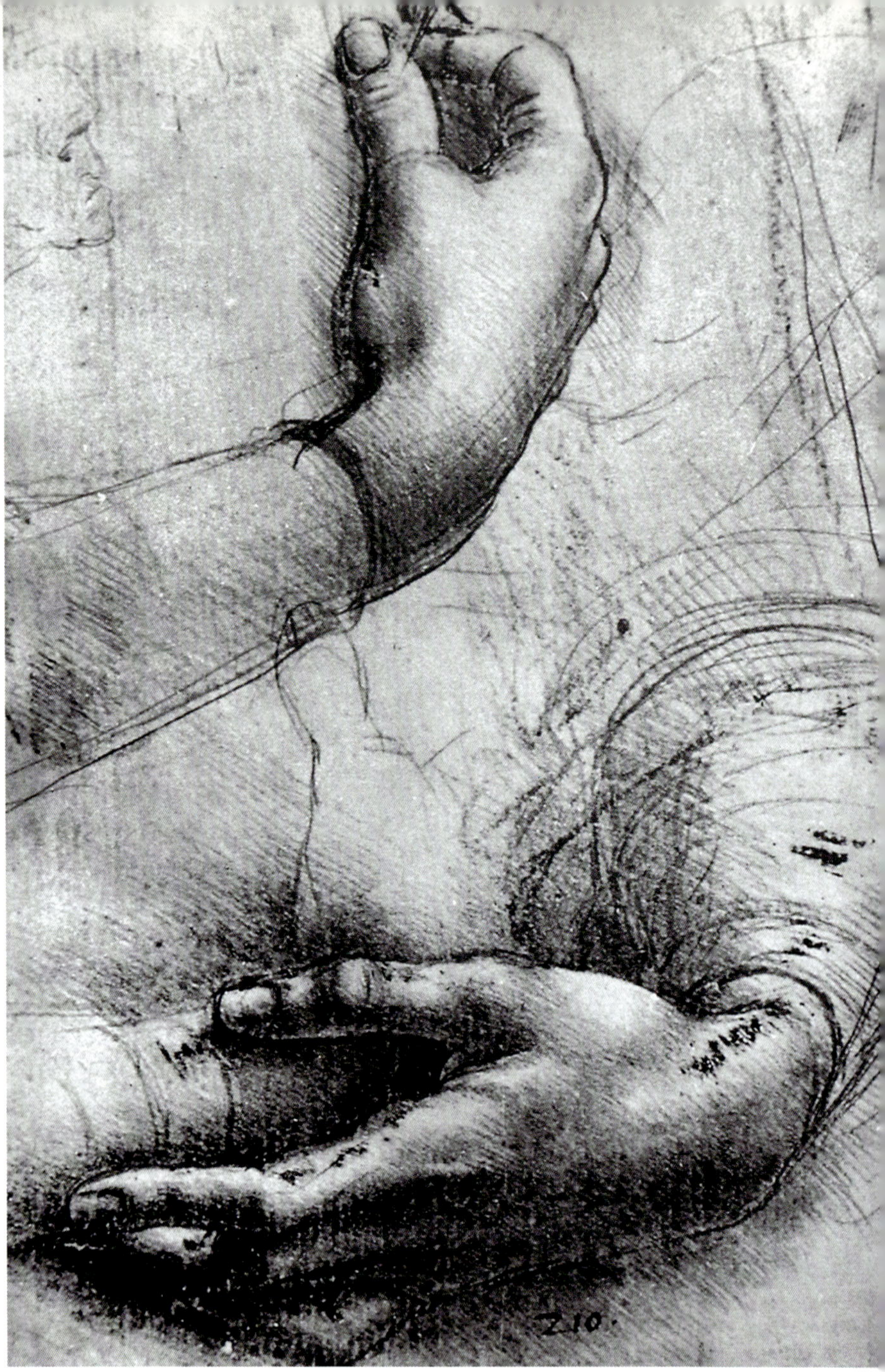

图2-4

阔范围的可能性。线条素描是一种基本技术，它是用线条而不是颜色的浓度作为主要表现手段。素描的线条具有很大的自然性，或者说，线条可以是富于表情的，简练的，甚至是具有装饰性的。阴影与高光也同样可用深重的或灵敏微妙的线条表示。一幅好的线条素描会向观者清晰明确地传达出画家想要表现或描绘的东西（图2-4）。

四、有明暗调子的素描

观察描绘对象上的光线与阴影效果必须了解光线与阴影的变化规律，也就是通常称为明暗调子的层次关系，然后你画素描就可用明暗调子的块面来描绘和塑造形体，以达到三维的立体效果。有明暗调子的素描，常常有助于情感和气氛的营造，在这种素描中，所有地方都充满光线或处在深暗的阴影中。运用一些明确的对比块面，造成整个构图明暗调子的格局，同样也可以增强一幅素描的美感和吸引力。关于有明暗调子的素描要记住的重要事情，就是最少限度地用线，并保持用明暗调子描绘形体的力度。要像油画家运用颜色那样来用明暗调子刻画形象和表达情感（图2-5）。

自动铅笔

五、画建筑物素描

画建筑物素描的最大优点是，建筑物是持久不变和静止不动的，所以你可以从容地来研究这个对象。如果你想要画一幅令人信服的建筑物的习作，那么透视画法就是需要掌握的最重要的基础原理之一。具有规则边面的物体看起来都向灭点缩减，从而有向深处退缩的感觉。了解这一点，对取得正确的比例关系也同样是极其重要的，如门窗等占据的空间就与该建筑物的总体规模有关系，任何装饰华丽的或引人入胜的形象的大小尺寸都应该是正确的。现代的建筑物通常在外表上都是很规则的，而像古老建筑物很可能是要求有更多的装饰，并且要坚持遵循古典的比例准则。留心观察建筑物上的光线变化效果，因为它能造成有趣的高光与阴影的图形。为使你的素描画得生动而有力，可试着去描绘外表具有复杂多样结构的建筑物（图2-6、图2-7）。

图2-5

图2-6

图2-7

图2-7
列宾美术学院建筑系学生作品
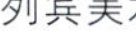
作品：室外景
作者：乌斯钦金娜
年级：二年级
尺寸：180mm×320mm
材料：钢笔 绘图纸

图2-5
列宾美术学院建筑系学生作品
作品：埃尔米塔什室内景 素描
作者：阿·玛丽尼娜
年级：四年级
尺寸：810mm×655mm
材料：铅笔 炭粉汁 绘图纸

图2-6
作品：室外景观素描
1965~1966
作者：塔·切霍姆斯卡姬
尺寸：688mm×490mm
材料：素描纸 墨 木炭笔

素描纸

速写本

六、环境中的人物素描

人物很少被孤立地观看，通常他们都是处于一定的环境中，有背景的衬托，不论在室内还是室外都是这样，所以背景在一幅画中就是一个很重要的组成部分，但要记住的最为重要的事情，就是应当始终把人物与其周围环境联系起来描绘。这两者中间的相互作用问题，需要在构图中精心地组织，使其产生强烈的深度感，并创造出一系列空间关系。不要使背景细节过多，包罗万象，因为素描的重点仍是集中在人物上（图2–8、图2–9）。

图2–8

■ 此图为国会大厦背面部分的效果图，以单色的素描形式描绘。

自动铅笔

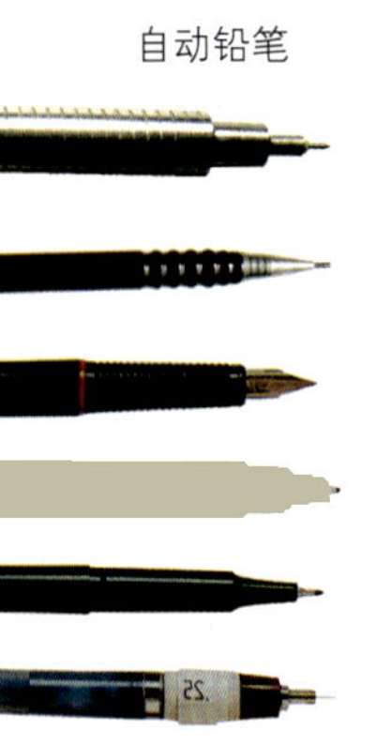

绘图笔

绘图墨水

图2–9

图2–8

作品：美国国会大厦参观者中心

作者：RTKLs设计

图2–9

作品：西陵的Twins

作者：田原

尺寸：170mm × 240mm

材料：黑圆珠笔 素描纸

图2-10

作品：夜间的咖啡馆

作者：文森特·凡·高

尺寸：810mm×655mm

材料：布上油画

图2-10

第二节 色彩

色彩使我们更全面地认识了世界。什么是色彩？这成了视觉艺术研究中的重要问题。对于视觉艺术来说，可以说没有色彩就没有视觉艺术，所以，我们说色彩设计基础是所有视觉艺术的基础，当然也是表现技法的基础课程。

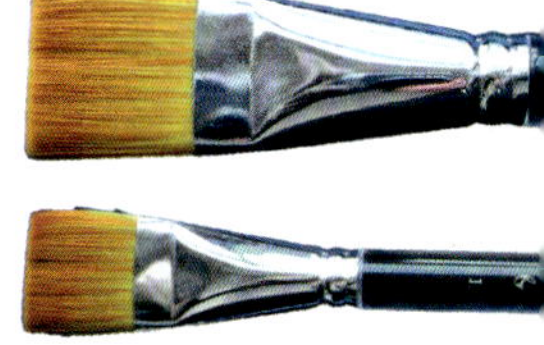

方头尼龙笔

色彩及设计基础课的课题练习，使复杂的、千变万化的色彩变得易于掌握。但是，色彩的科学规律终归是色彩的普遍法则，不能代替色彩的艺术规律，要创造更为完美的色彩效果，则要以色彩科学的普遍法则结合自己的体验、感受、素养、造诣及想像力，才能够达到（图2-10）。

一、色彩属性

应该注意的是，色光与颜料是有着不同属性的两种不同的物质。色光红、黄、蓝相加，呈现白色，而颜料红、黄、蓝相加则呈现黑色。对色彩知识的讲述总是首先从色光谈起，而作画

水粉颜料

图2-11

图2-12

图2-13

图2-11
人对物体色的感觉

图2-12
光谱色

图2-13
光的三原色与颜色的三原色

时表达色彩用的是颜料。也就是说作画时眼睛看到的是色光的关系，用手画出的是颜料组成的色彩关系。由于色光与颜料属性不同，作画时由观察到表达之间有一个好似“翻译”一样的转换过程。为了能较好地完成这一过程，我们必须先了解一些有关色彩的专业术语、名称、含义及其他基础知识（图2-11）。

1. 光谱色：红、橙、黄、绿、青、蓝、紫是最饱和的纯色，它是有颜料调出最接近光谱上标准色的程度，又称为标准色，用来比较和衡量其他颜色的纯度（图2-12）。

2. 三原色：自然界五光十色，调色板上变化无穷，但究其根本，无法再分解的颜色，就是红、黄、蓝三色，我们称之为三原色。如果将这三种原色按不同比例混合，再与黑白二种混合，可以调配出无穷无尽的色彩来。原色的颜料纯度最高，亦最为纯净、鲜艳（图2-13）。

3. 间色：三原色中任何两种原色混合则成为间色，又称第二次色，如：橙（红+黄）、绿（蓝+黄）、紫（红+蓝）。原色和间色是最纯正的六种颜色。

4. 复色：两种间色相混合，又称第三次色和再间色，复色中必然包含了所有原色成分，只是各原色间的比例不等，从而形成与之不同的红灰、黄灰等灰色调。颜料中的一些现成色，如：土红、土黄、赭石、熟褐、墨绿、橄榄绿等本身就是复色，含有不同的黑味，所以与其他色相加即成为复色，要谨慎用之。自然界的色彩是丰富多彩的，很少有极为单纯的颜色，所以在写生色彩中，复色使用得较多。颜色对视觉的刺激，原色最强烈，间色比较温和，复色最弱。所以当画面色块配合显得过分刺激，不够调和时，复色能起到弱化与缓和的作用。

5. 同种色：在同一种颜色中加入不等量的黑色或白色所产生的深浅浓淡不同的各种色称为同种色（图2-14）。

粗杆宽头马克笔

图2–14
作者：曹凤
年级：02级
学时：8学时
尺寸：420mm×594mm
材料：水粉 彩色铅笔 绘图纸

■ 注意前后的虚实表现，光感的效果及整体画面的颜色统一与协调。

图2–14

6. 同类色：两种以上的颜色，其主要色素倾向比较接近，都含有同一色素的色称同类色。如黄色类中柠檬黄、淡黄、中铬黄、土黄等等，它们之间都含有黄色色素，所以称它们为同类色（图2–15）。

7. 类似色：在色环上相邻近的各色彩类似色，又称邻近色或邻接色。如红与橙、橙与黄、黄与绿等，它们之间都含有少量共同的色素（图2–16）。

8. 色相环：将颜色按光谱的红、橙、黄、绿、青、蓝、紫色顺序排列为环状体，简称色环，色环是认识色彩家谱的依据，为有效地使用色彩带来了方便。色环明确指出了有关色彩世界连续性和循环性的奥秘，反映了自然现象中色彩现象的原形和色彩的规律。色环清楚地标出

图2–15
■ 表现木质与丰富的光影，追求空间的深度。

图2–16
■ 利用色彩丰富了室内空间，营造了一种幻妙的室内层次感。

图2–15
作者：刘敏
年级：02级
学时：10学时
尺寸：420mm×594mm
材料：水粉 绘图纸

图2–16
作者：孙玥
年级：02级
学时：8学时
尺寸：420mm×594mm
材料：水粉 透明水色 水彩纸

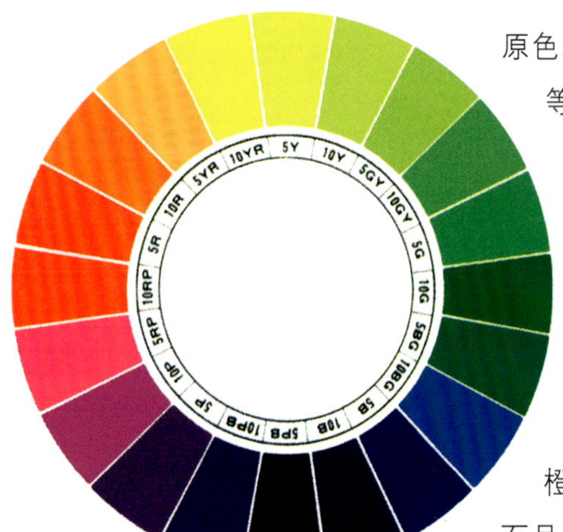

图2-17
色相环

原色、间色、类似色、对比色、补色、冷色、暖色、调和色组合，对比色组合等色彩关系，是指导画家进行色彩创作、在布置静物时组织色彩以及配置和控制色彩基调的最基本的配色字典（图2-17）。

9. 对比色：在色相环上相对应的色包含其邻近的色称对比色，在色环上绿色所对的红色包括所有与红色所相邻的红橙、红紫等色（图2-18）。

10. 补色：又称互补色、余色，亦称强对比色，简单地说，如果两种颜色混合成黑色，那么这两种颜色一定互为补色。如红与绿、蓝与橙、黄与紫，在色环上更一目了然，任何直径两端相对之色都称互补色。而且在色环中，不仅红与绿是补色关系，一切在红的对角线90°以内包括黄绿、绿、蓝绿三色都与红构成补色关系。色彩的补色现象在日常生活中就能发现，在夜里我们注视唯一的一只绿色灯一会儿，然后走到阳台上，我们此时看到的天空就会是红色的，这种视觉残像原理表明：人的眼睛为了获得自己的平衡，会安置出一种补色作为调剂。一组补色所造成的色相相对比关系是所有色彩对比效果中最强烈的一种对比形式（图2-19）。

二、色彩三要素

色彩的色相、明度与纯度称为色彩的三要素，许多色彩原理都出自三要素之间或由此演变的关系。不同的色彩书籍对色彩三要素的称呼不一致，如有的称色相为波长，有的称明度为光度、

中杆中头马克笔

图2-18

图2-18
作者：时蕊
年级：02级
学时：12学时
尺寸：450mm×600mm
材料：水粉 绘图纸

■ 进行对比色的训练，让学生掌握色彩在环境中的关系。用水粉的厚薄相间的画法绘制出具有异域风格的餐厅空间。

图2-19

图2-19

作者：赵苏

年级：02级

学时：8学时

尺寸：400mm×598mm

材料：水粉 水彩纸

■ 进行补色的训练。

图2-20

图2-20

作者：孙雪玲

年级：01级

学时：10学时

尺寸：420mm×594mm

材料：水粉 水彩纸

■ 用色彩及暖色调的对比来表现整体空间的通透感。

亮度或鲜明度，有的称纯度为色性、彩度、艳度或饱和度等等，称呼不一但含义类同（图2-20）。

1. 色相：是指每种色彩的相貌或名称种类，它是色彩的最大特征，自然中红、橙、黄、绿、青、蓝、紫是最基本的、纯度最高的色相，还有成千上万由此衍生出来的色彩都具有各自非常具体的相貌。

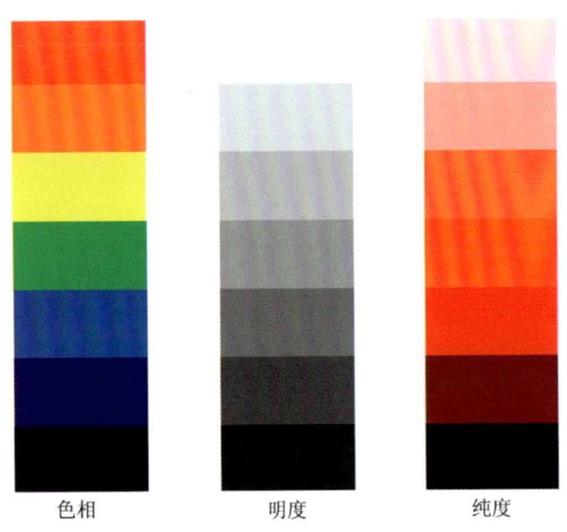

图2-21
色相 明度 纯度

2. 明度：是指色彩的明暗差别，即深浅差别。色彩的差别包括两个含义：一是指某一种色彩深浅变化，如粉红、大红、深红都是红，但一种比一种深。二是指不同色相间存在着明度差别，如六种标准色中黄最浅，紫最深，橙和绿，红和蓝处于相近的明度之间。

3. 纯度：是指饱和度，是颜色本身纯净的程度或者说纯粹的程度。当一个颜色的色素色含量达到极限强度时，正好发挥其色彩的固有特征，我们说这块颜色就达到了饱和程度。颜色在饱和状态时便是该色相的标准色，标准色以太阳光谱为准，越接近标准色，纯度就越高，在颜料上严格说来纯度是指某色彩与灰的距离程度，纯与灰是相对的，含灰越少，纯度越高；含灰越多，纯度越低（图2-21）。

三、色彩的冷色暖色

冷色与暖色的区分是出于人们的生理感觉和感情联想，人们面对红、橙、黄一类颜色会联想到火、太阳、热血等，因而称这类颜色为暖色。图2-22面对青、蓝等色则会联想到海水、蓝天、冰雪、月光，因而称之为冷色。图2-23色彩感受中最暖的为橘红色，最冷的为天蓝色。色彩的冷暖感觉，不仅是一种感觉联想，伊顿曾提到有实验验证，同一群人分别在用蓝绿色和橘红色刷墙的房间里做同样的工作，结果在冷色房间里工作时室温降到15℃就感觉寒冷。而在暖色房间里则到11～12℃时，才感觉寒冷。这之间的温度差为3～4℃，其原因可能是冷色能使人体血液循环相对减缓，而暖色却使其加速。

红与蓝是色彩冷暖的两个极端，绿与紫属于中间，是中性色，它与暖色相比较冷，与冷色

本装透明水色

图2-22

图2-22
作者：李倪军
年级：02级
学时：10学时
尺寸：550mm×740mm
材料：水彩纸 水彩 水色
及水粉综合

■ 注重整个色调的把握和质感的表现，特别是玻璃的质感。

图2-23
■ 红色的色调显现出大型公共休闲区的温馨浪漫的氛围。

图2-24
■ 环境与灯光的练习。

图2-23
作者：杨岚
年级：02级
学时：10学时
尺寸：550mm×420mm
材料：水粉 水彩纸反面

图2-24
作者：陈丹
年级：01级
学时：4学时
尺寸：400mm×400mm
材料：水彩 水粉 细纹水彩纸

相比较暖。但是绿与紫本身也不是不变彩的，如绿色中黄色的成分多了，成了黄绿，偏于暖；蓝色的成分多了，成了蓝绿，偏于冷。紫色中的红多了，成了红紫偏暖；蓝的成分多了，成了蓝紫则偏冷。

金、银、黑、白、灰五色在色彩感觉上也属于中性色，它能与任何颜色调和，起谐调、缓解作用，尤其能与原色调和。

但是色彩的冷暖并不是绝对的，而相对的两种色彩相比较是决定冷暖的主要依据。例如黄色对于青是暖色的，而对于红、橙色它又是偏冷的。紫色在红色环境里是冷色，在绿色环境中又成了暖色。在暖色群中也有偏冷的多种层次，如玫瑰红比曙红冷，曙红又比大红冷，大红又比朱红冷，冷色中也有偏暖的层次，如深蓝比普蓝暖，湖蓝又比深蓝暖。

总之，色彩的冷暖是互为条件，互相依存的。没有暖色对比，冷色便不可能单独存在，它们是对立统一的两个方面，色彩的冷暖感觉是通过整体分析比较而得到的。

四、写生色彩及观察方法

物体的色彩是受光源限制的，物体本身并不呈现恒定的色彩，世界上本无所谓“固有色”。但是画家们为了研究方便和便于常人的观察习惯，还是把光源色和物体的固有色作为不同的概念并分开来研究。

1. 光源色：即光的色相，指光自身的色彩倾向。不同的光源就导致物体产生不同的色彩，这是由于不同波长的光源照射的结果。自然界中的色彩现象正是由于光源色的差别及其变化才使物体的色彩变得丰富多彩。各种光源的色彩按色性可分为两类：暖色光和冷色光，如太阳光、白炽灯光、火光等属于暖色光；蓝色天光、月光，日光、灯光等属于冷色光。一般来说暖色光使物体受光部分色彩变暖而背光部分呈现其补色的冷色倾向；冷色光使物体受光部分色彩变冷而背光部分呈现其补色的暖色倾向（图2-24）。

2. 固有色：这是一个不准确的概念，物体本身并无恒定的色彩，人们说的固有色是人们习惯在较柔和的白光照射下所呈现给人的色彩印象，如蓝天、白云、绿树等等。尽管现代物理学一再证明固有色是不存在的，但作为一种假设，固有色确实有存在的必要和价值，它不仅适应人们的直观与习惯，而且方便了人们对物体的色彩观察、分析和研究。如果没有这种假设，物体的色彩就难以描述。任何物体总是处在一定的环境和空间中，不能孤立存在，随着光源色和周围物体色彩的变化，

图2-25 通过细腻的刻画使画面生动富有情趣。

图2-26 运用冷暖色对比突出光线及材质的质感。

图2-25
作者：仇寅
年级：02级
学时：8学时
尺寸：420mm×594mm
材料：水粉 水彩纸

图2-26
作者：李倪军
年级：02级
学时：8学时
尺寸：600mm×500mm
材料：水彩纸 水粉综合技法

固有色也发生变化，因此固有色不会固定不变。对于固有色应该是既要看得出，又不要把它看成一成不变的（图2-25）。

3. 环境色：我们知道，世界上任何物体都处在具体环境之中而不是孤立存在的，色彩也不例外。环境色亦称条件色，是被描绘的物体受周围环境色彩的反射光影响所呈现的色彩，这是一个非常重要的概念，它强调了自然界物体的相互影响关系。当年印象派画家在研究不断变化的日光和环境反射色彩所引起的物体固有色变化时，他们逐渐确信，固有色融于整个色彩的氛围之中。环境色的产生是与光源的照射分不开的，光源照在某件物体上，这物体吸收一部分色光，而把另一部分色光反射出来，映射到邻近的物体上，使其色彩受到一定程度的影响。与光源色相比，环境色对物体固有色的作用是较少的。一般情况下，物体色彩中的环境色不及光源色和固有色显著。只有在特殊条件下，环境色才有可能占据物体色彩的主导地位。然而正是环境色反映出该物体所处的特写环境，反映出所占的特定的空间，以及它与周围世界的有机联系，因此，环境色成为写生色彩着重研究的方面（图2-26）。

4. 色调（调子）：色调一词简单地说是指画面色彩的总倾向或者说是画面色彩的总特征。调子在音乐中是支配乐曲的音调标准，在色彩中延伸了调子的含义，即指各种色彩不同的物体所构成的色彩在明度、冷暖、色相、纯度等方面的总倾向，也指一幅画的色彩的主要特征，大的色彩效果，因此也可称“主调”、“基调”。调子起着色彩的支配作用，色调不统一会产生色彩紊乱，像不同音调的乐器合奏一样各唱各的，而无统一的效果。这样奏出的曲子既不入调，也不好听，不能给人们带来美的享受。

在色彩世界里，物体色彩千差万别。那些本来彼此不协调的色彩由于大气、光源色、环境色的作用以及相互反射光的交混影响和谐地统一在一定的色彩关系里。我们容易感知朝霞、黄昏、雨雾、星夜等天气的色彩总倾向的截然不同。实际上形成色调的关键是光源色的变换，是光源色的色彩倾向与固有色的相互作用。色调的变化众多，按色相特征可分为红调子、蓝调子、黄调子（图2-27）等等；按明度特征可分为亮调子、灰调子、暗调子；按色性特征可分为冷调子（图2-28）和暖调子；按纯度特征可分为鲜艳色调、银灰色调等；按情绪效果可分为热烈活泼的调子、忧郁低沉的调子、惊险恐怖的调子、高雅古朴的调子和粗俗低劣的调子。

总之，利用色调表达思想、情绪是画家的最重要手段之一，如果有的画说不出什么色调，必然是一幅杂乱而平庸的画。

5. 色彩与形体：色彩与形体是绘画的重要因

图2-27

■ 通过同类色表现不同材料的质感。

图2-27

作者：付捷

年级：01级

学时：8学时

尺寸：500mm×550mm

材料：彩色铅笔 水彩 水彩纸反面

图2-28

作者：张鸿

年级：02级

学时：8学时

尺寸：450mm×650mm

材料：水彩 水彩纸反面

图2-28 通过光影体现室内的空间感。

素，它们是互相依存不可分割的统一体，正是因为形与色产生的形象使我们获得了艺术的享受（图2–29）。

法国美术史家查理·勃朗曾说："必须把素描与色彩很好地结合起来，才能产生绘画，正如男女结合才能孕育人类一样……"在学习中应防止过分强调色彩变化而忽视形体的素描关系，造成色与形脱离，变成一堆颜色。也应防止只考虑素描关系，用单调贫乏的"固有色"概念作画，画成一张单色素描。只有理解色彩作为塑造形象传达感情的有力手段时，才能发挥色彩的魔力，从而成功地使用色彩，达到艺术的目的。

6. 色彩的空间效果：我们知道绘画在两度空间的纸上表达出长、宽、深的三度空间来，除了运用形体的透视外，一个重要的手段就是利用色彩表现。由于空气的作用，各种色光发生程度不同的散射，造成色彩在空间传递中的变化。空间距离近的，物体外轮廓清晰，明暗色调反差大、对比强烈；空间距离远的物体外轮廓模糊，明暗色调差别小；最远处物体明暗面混为一色，层次不清，往往融合在一个统一的灰调之中。但是色彩的透视变化对各种色光来说，也不是均等程度的，因为色光波长短不等，所以被散射的程度不同，就是说波越长的色光，对大气的穿透力越强，波越短的色光对大气穿透能力就越弱，这就是为什么选择红色作为危险信号灯的道理所在（图2–30）。

图2–29

■ 通过冷暖色的对比，营造一种轻松的氛围和表现物体的质感。

图2–29

作者：张鸿

年级：02级

学时：10学时

尺寸：650mm × 800mm

材料：水彩　水粉综合技法　水彩纸

图2–30

图2–30

作品：布日瓦的塞纳河

作者：莫奈

尺寸：635mm × 915mm

材料：布上油画

图2–31
作品：麦草堆（雪景、正午、夏末、清晨、夕阳、日落时的雪景）1891
作者：莫奈
尺寸：650mm × 920mm

图2–31

综上所述，可以归纳出空间色彩的基本规律：近暖远冷、近纯远灰，近的鲜明、远的模糊，近的对比强、远的对比弱。然而色彩是感知世界，不是仅仅用几组数据就能说明的，比如七种标准色的距离感由近而远的顺序排列是红、橙、黄、绿、青、蓝、紫，这个顺序与它的明度顺序排列相一致，在黑色背景中显然明度高的色彩容易产生近感，黄色显然向前推进。而紫色却潜伏起来，反过来在白色的背景中，这种深度效果就完全颠倒过来了。这时紫色似乎从白色背景上向前推进，而黄却向后推移。于是我们应该这样概括，当背景是白色时空间效果一般规律是黑近浅远、暖近冷远、纯近淡远；而背景是黑色时，则浅近黑远；背景是暖色时则冷近暖远。正确地处理这对矛盾体，可利用色彩的这种空间效果在绘画的平面作品上，产生画面的深度感（图2–31）。

第三节 透视图画法

设计表现图的制作，首先是根据设计方案中面向的二维视图，建模三维空间的视图模式。三维空间视图模式最主要的特征是深度空间图式的应用。空间的深度距离使空间和物体形成了前与后、远与近的层次关系；而且由于在同一视点上观察不同距离的相同空间或物体，又形成了近大远小、近清楚远模糊等有规律的视图现象，图形学中把这种现象称为透视现象，并创建了透视图法去表达这种现象，使我们能在纸平面上塑造具有深度特征的三维空间图形。因此，透视图画法的研究是我们进行设计表现图技法研究的首要步骤。

一、透视图基本原理

透视图专用术语

透视图涉及许多专用术语，必须先搞清楚这些术语的基本概念，才能在透视图画法中理解各作图点的产生和相互关联，才能正确地掌握和运用透视图去表现和模拟三维空间（图2–32）。

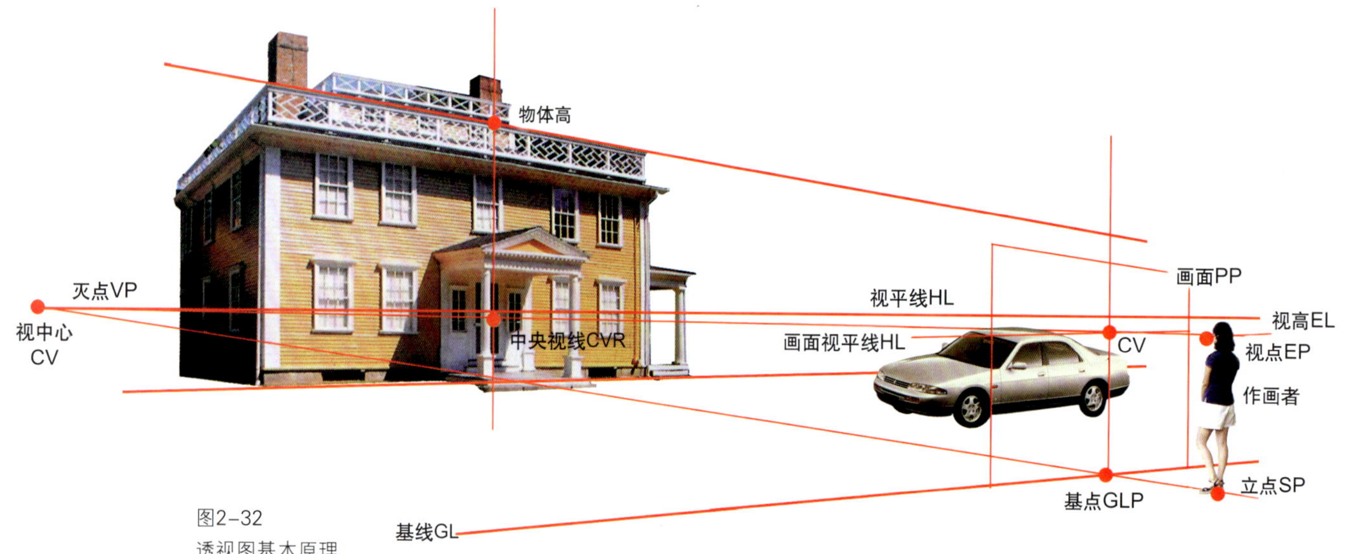

图2–32
透视图基本原理

1. 立点S、P（Sanding Point），是指作图者观察对象时所停立不动的位置。
2. 视点E、P（Eye Point），指作图者观察对象时眼睛的位置。
3. 视高E、L（Eye Level），指立点（S、P）的地面位置到视点（E、P）的距离，视高（E、L）一般与视平线（H、L）同高。
4. 视平线H、L（Horizon Line），指与视点（E、P）同高且垂直于中心视线（C、V、R）的水平线。
5. 中心视线C、V、R（Center Visual Ray），指从视点（E、P）到视平线（H、L）上的视中心（C、V）的轴线。
6. 视中心 C、V（Center of Visual），指从视点（E、P）延伸到中心视线（C、V、R）与视平线（H、L）上的相交处。
7. 灭点V、P（Vanishing Point），指从作画者的视点（H、P）通过观察物体的各点并延伸到视平线（H、L）上的交汇点，也称消失点。

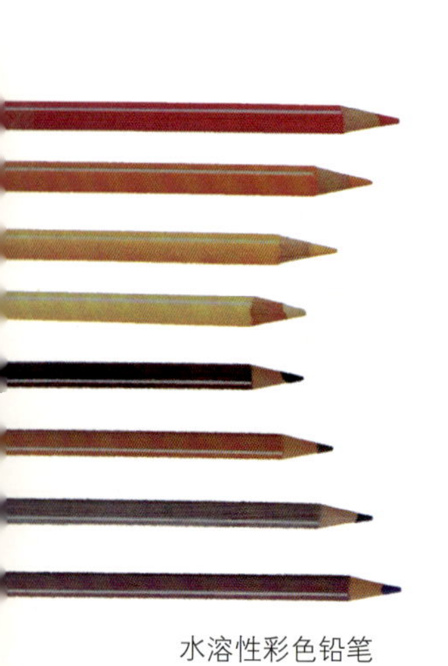

水溶性彩色铅笔

8. 画面P、P（Picture Plane），指作图者与所观察的对象之间，将用于记录观察结果的界面和它的位置。

9. 基准面G、P（Ground Plane），指从立点（S、P）到所观察的对象间的地面距离范围。

二、室内设计经常使用的透视图画法有以下几种：

1. 一点透视

一点透视表现范围广，纵深感强，绘制相对容易。

2. 两点透视

两点透视画面效果比较自由，活泼，反映空间比较接近人的直接感觉。

3. 轴测图

轴测图能够再现空间的真实尺度，反映功能性室内区域的分割，但不符合人的实际情况，严格地讲不属于透视的范围。

4. 电脑辅助透视制图

电脑辅助透视制图能自由设定视点、视高，优化选择最佳视觉范围，不受纸张大小的限制，适合室内界面变化多，有曲面、曲线的透视场景。

2.1 一点平行透视（图2-33）

图2-34

■ 注重体现建筑的空间感，综合运用水彩、水粉两种技法。

1. 这是一种简易的室内平行透视画法。首先按实际比例确定宽和高ABCD。然后利用M点，即可求出室内的进深AB－ ab。

M点与灭点VP任意定。

A－B＝6m（宽）

A－C＝3m（高）

视高EL＝l.7m

A－a＝4m（进深）

2. 从M点分别将1234画线与A—a相交，其相交各点1' 2' 3' 4' 即为室内的进深。

3. 利用平行线画出墙壁与天井的进深分割线，然后从各点向VP引线。

4. 右图3的灭点在室内的正中央，为绝对平行透视，因此视觉感稳定。右图4的灭点向画面左侧移位，离开正中心，为相对平行透视。只要灭点不超过2—3点的画面1/3范围，视觉感较为稳定，如需要超出，请选用两点图法。

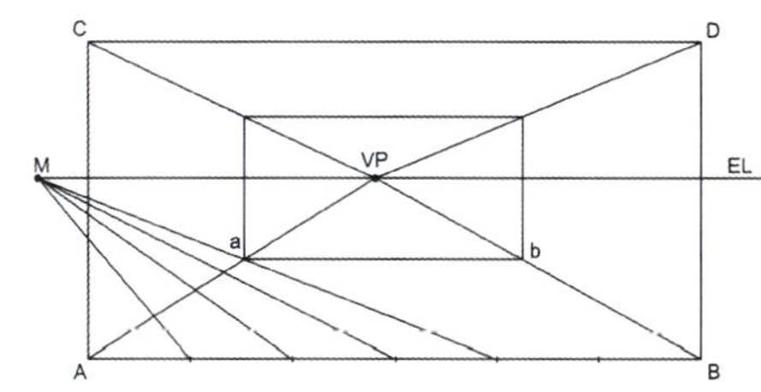

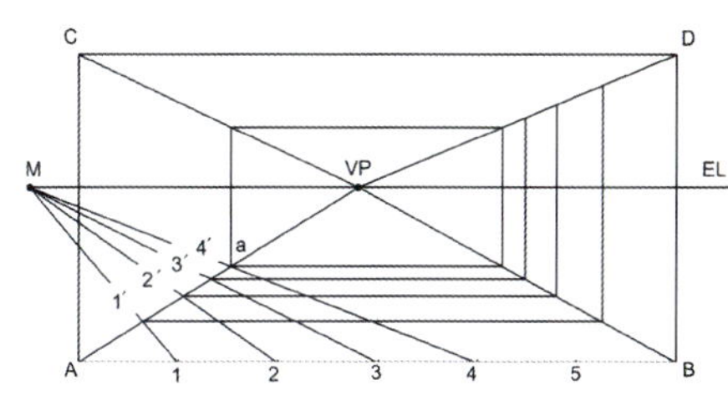

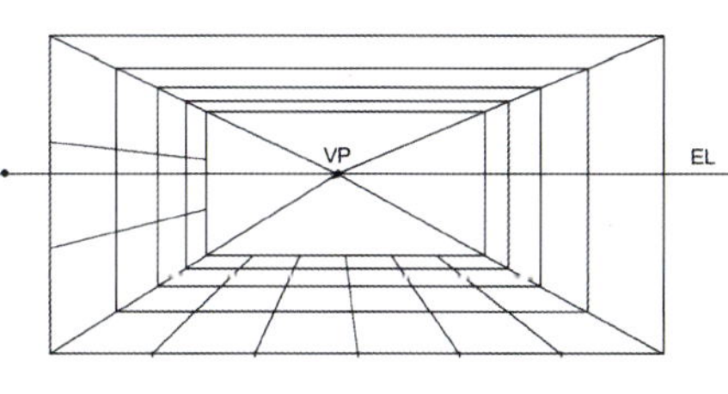

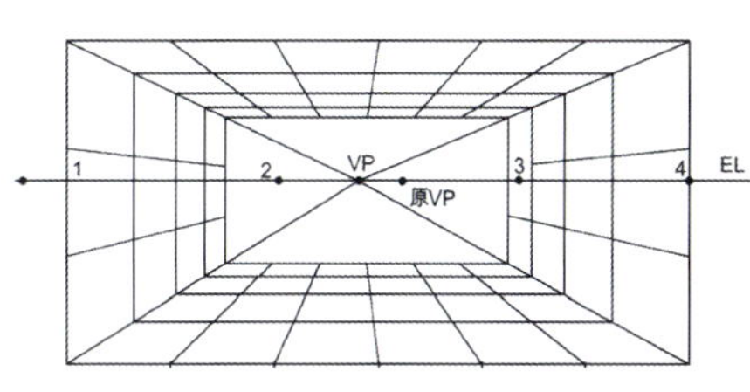

图2-33

一点平行透视

图2-34

一点平行透视

作者：邢海涛

年级：03级

学时：8学时

尺寸：800mm×400mm

材料：水彩 水粉 细纹水彩纸

2.2 一点斜透视（图2-35）

一点斜透视图作图步骤：

1. 当灭点VP超过画面1/3处时，为避免视觉不稳定感，应修正视觉误差。采用简略勾点图法，既可使画面稳定，又能避免画面呆板。

   先用M点求出室内的进深以定出VP1灭点线。

2. 先求点1的透视线。

   延长点1的垂直线。求出a点，再作c点的垂直线求出d点。

   再由d点画水平线求出e点，e和1连接即可得到点1的透视线。

   点2、3、4的透视线由此方法类推。

3. 最后作5、6、7、8点的垂直线。

4. 图2–35（d）的灭点继续向画面左边移动，当灭点离边线过近时，上述方法已不适宜。需采用对角线与中心线分割法求出透视点。

   首先用M点求出室内的进深A–a，再按下列顺序作图：1、2、3、4、5、6、7、8……（图2–36）。

2.3 两点成角透视（图2-37）

本书就不做详细介绍。

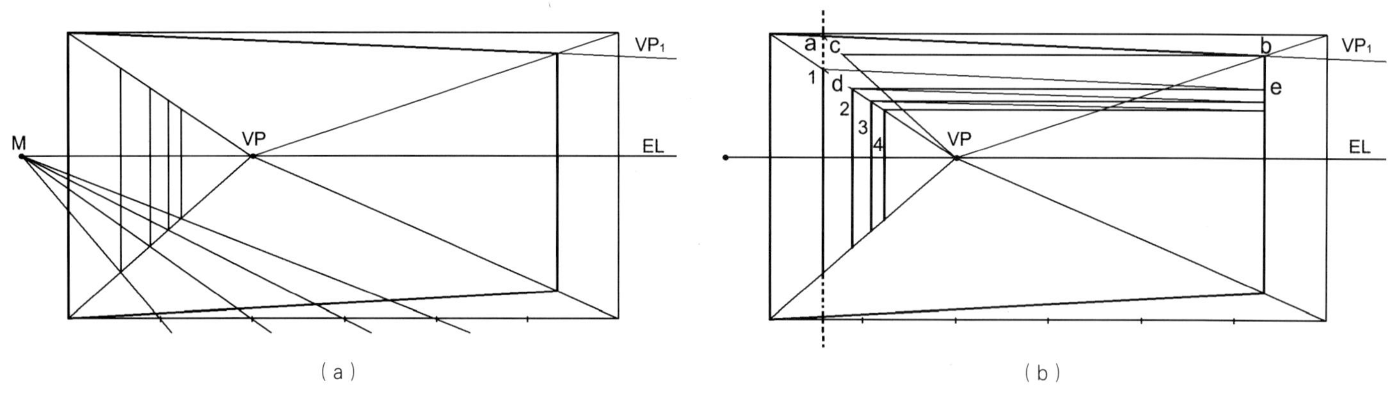

（a）　（b）

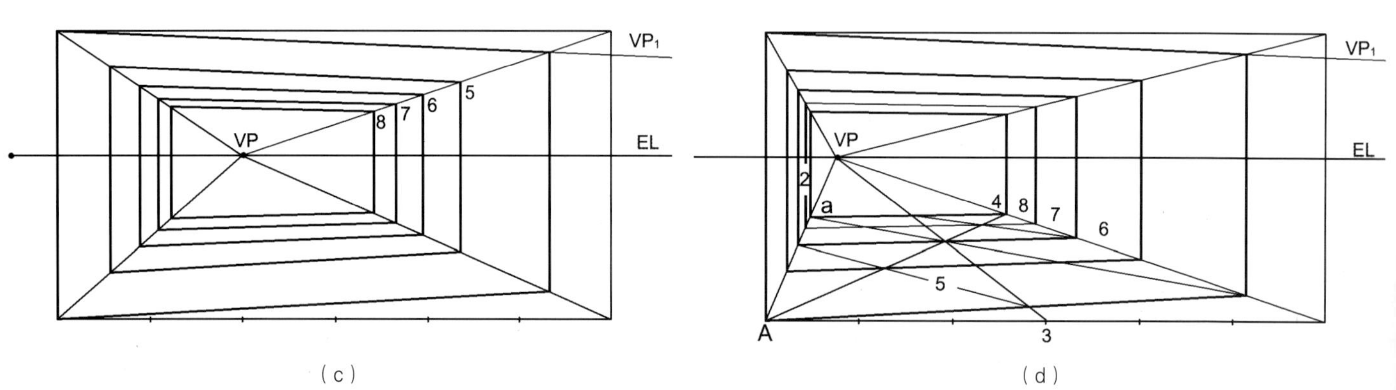

（c）　（d）

图2–35
两点成角透视

图2-36

作者：张艳琼
年级：02级
学时：10学时
尺寸：420mm × 594mm
材料：水粉 水彩纸

界尺

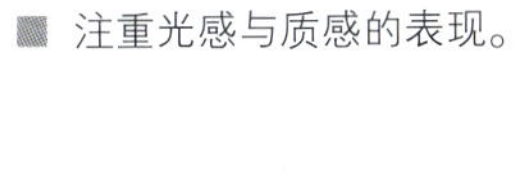

图2-36

■ 注重光感与质感的表现。

图2-37

图2-37

作者：牛宏志
年级：03级
学时：8学时
尺寸：400mm × 600mm
材料：水粉 水彩纸

2.4 轴测图

利用正、斜平行投影的方法，产生三轴立面的图像效果，并通过三轴确定物体长、宽、高三维尺寸，同时反映物体三个面的形象。利用这种方法形成的图像称为轴测图。

1 D　轴测正投影

2 D　轴测斜投影

3 D　轴测图作图步骤（图2-38～图2-40）

卷削铅笔刀

绘图纸

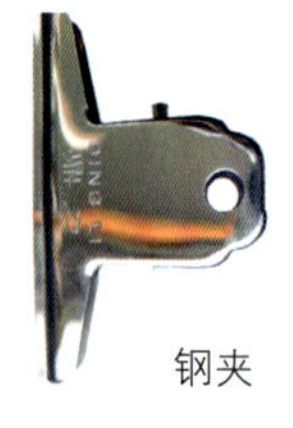

钢夹

图2-38

作者：孟晨超

年级：05级

学时：10学时

图2-39

作品：新加坡大使馆 1993年建成

作者：RTKL设计

面积：5110m^2

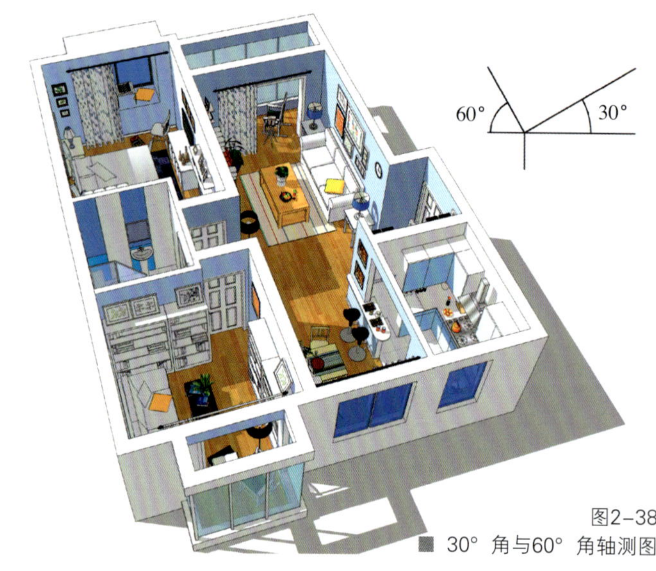

图2-38

■ 30° 角与60° 角轴测图

图2-39

■ 混凝土结构，砖立面与石材装修，位于华盛顿使馆区入口。

签字笔

针管笔

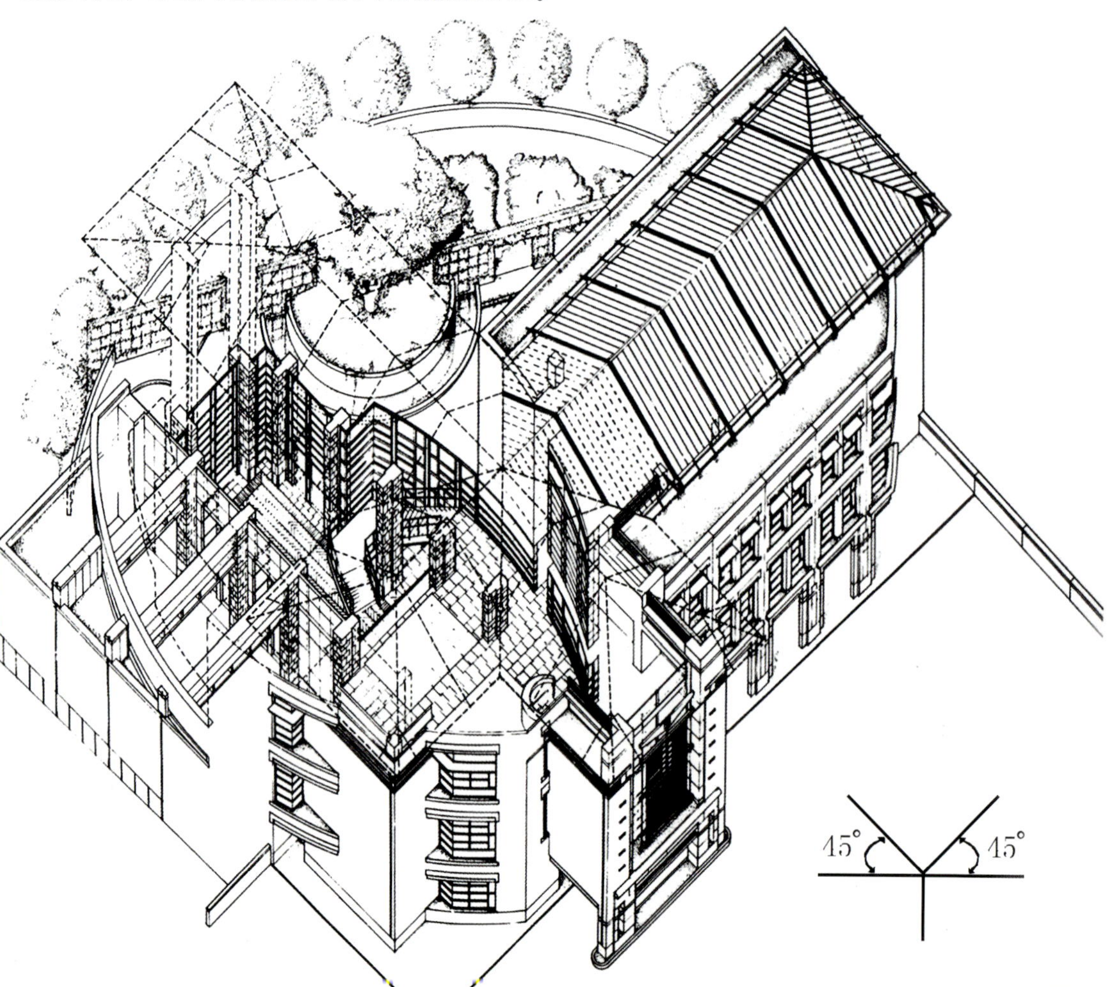

(1) 轴测正投影

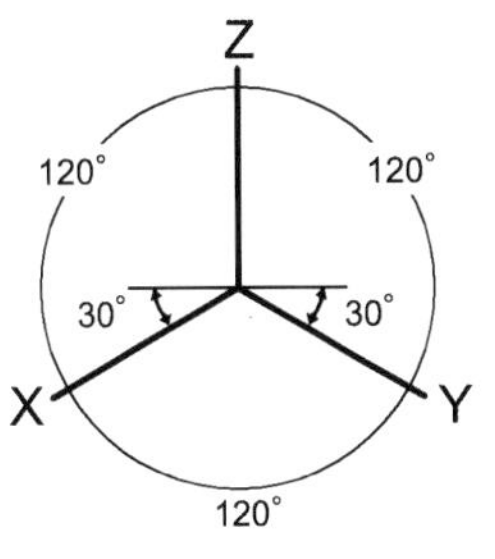

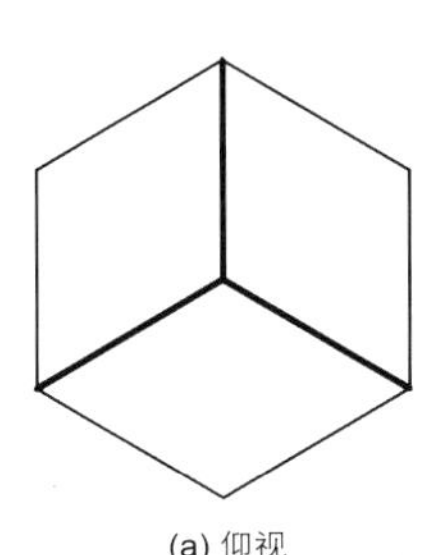

(a) 仰视

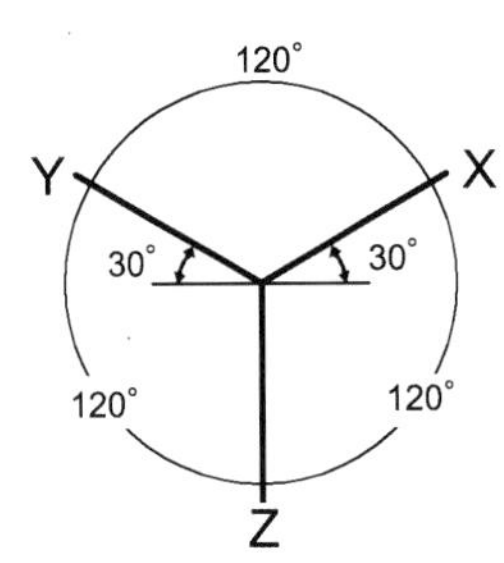

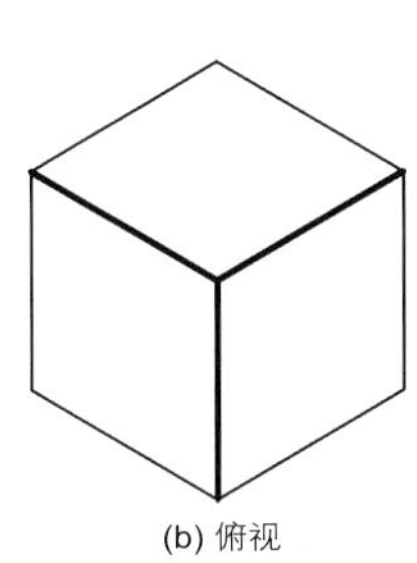

(b) 俯视

(2) 轴测斜投影

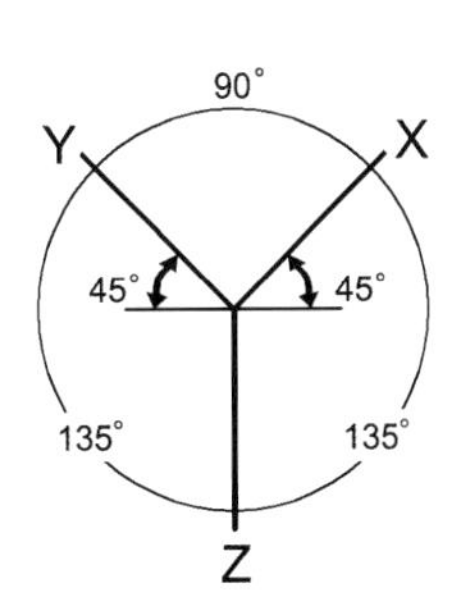

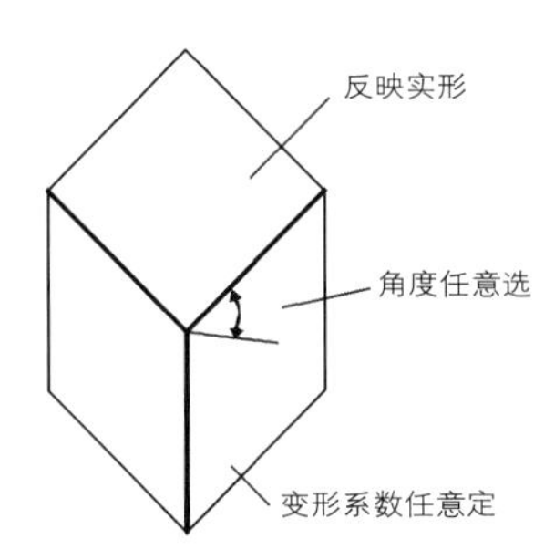

水平斜轴测

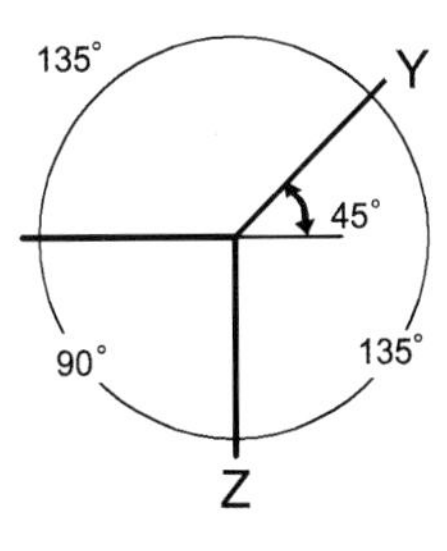

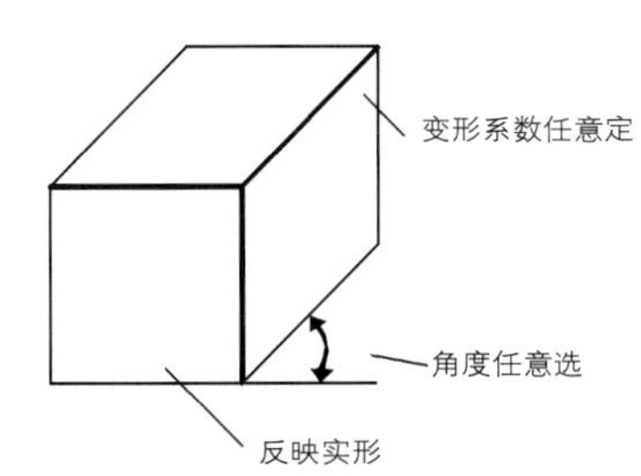

正面斜轴测

图2-40
轴测图

(3) 轴测图作图步骤

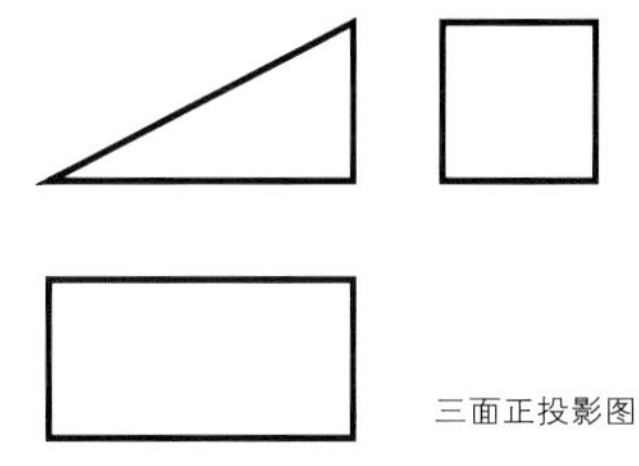

三面正投影图

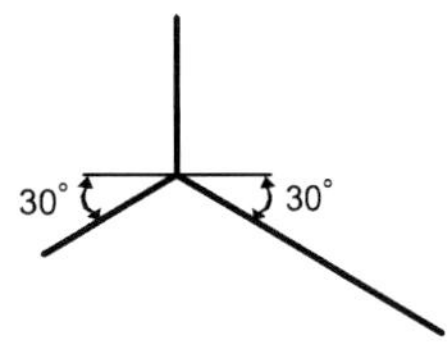

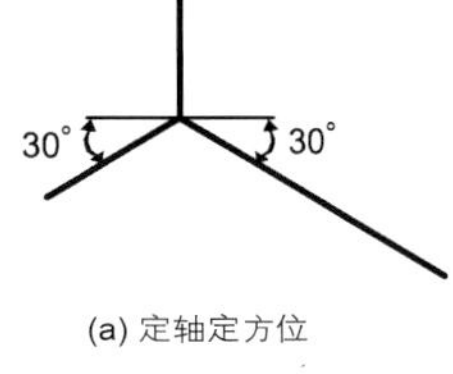

(a) 定轴定方位

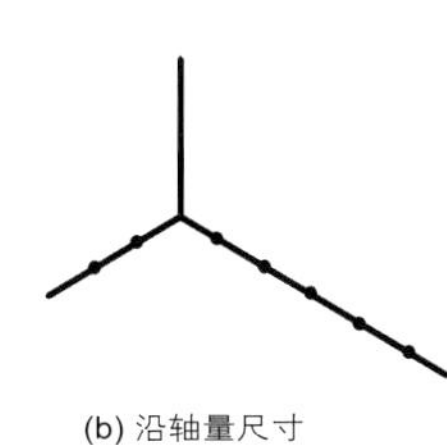

(b) 沿轴量尺寸

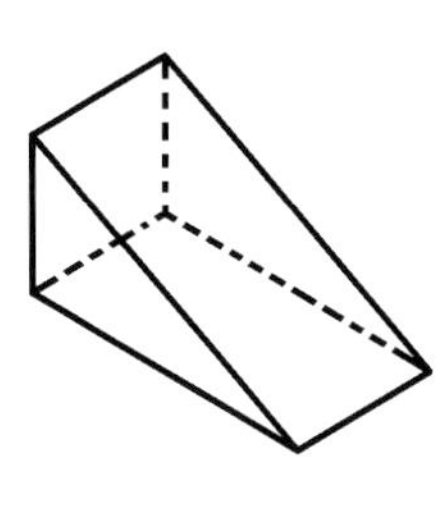

(c) 画平行线连接

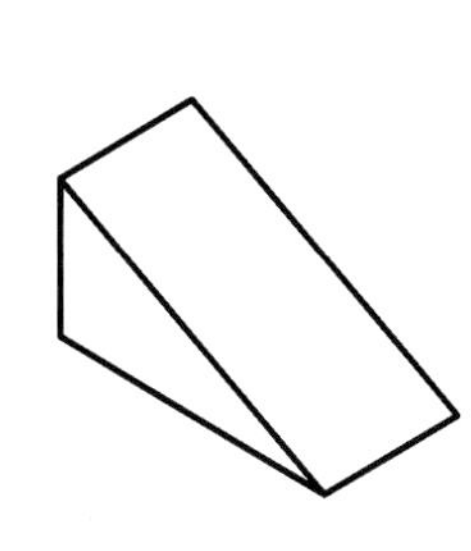

(d) 完成

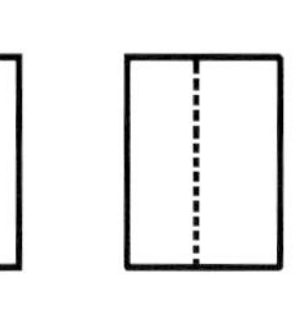

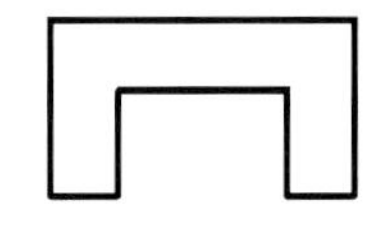

三面正投影图

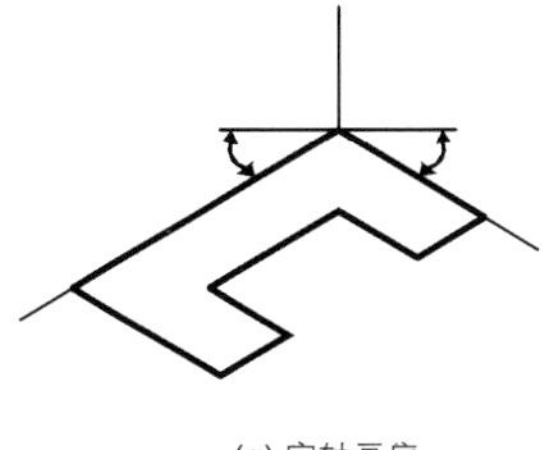

(a) 定轴画底

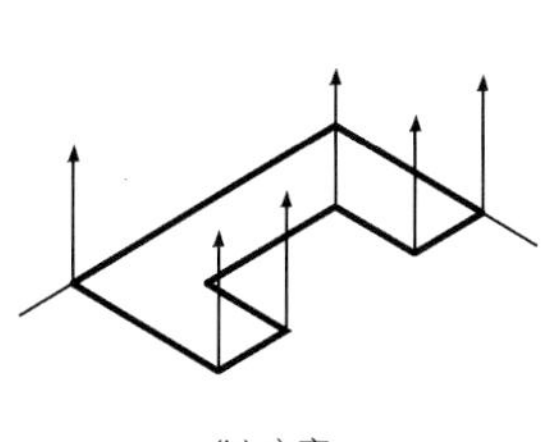

(b) 立高

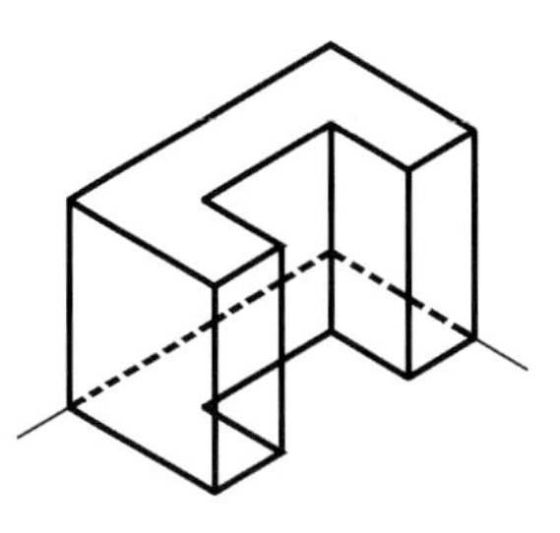

(c) 画平行线连接

(d) 完成

2.5 电脑辅助透视制图

运用电脑辅助设计软件：AUTO CAD和3DS、3DMAX等三维电脑软件都可绘制透视图。用电脑绘制透视图的过程，更近似拿照相机摄影的过程，需要调变焦距离（图2–41、图2–42）。

透视图中配景尺度的比例控制

表现图中常见的错误之一是配景，如配景中人物的高低、绿化尺度的比例失调等等。一幅

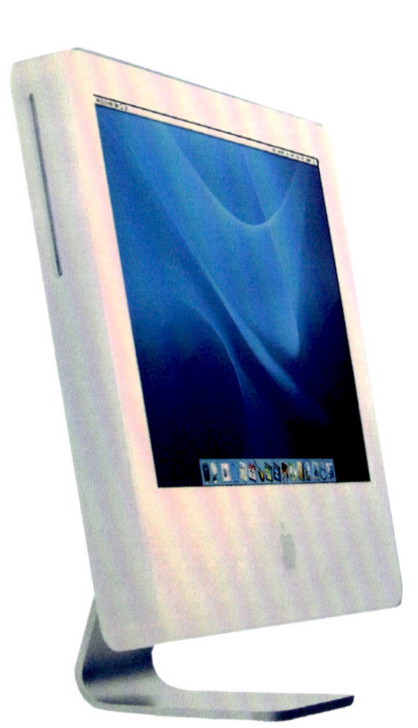

电脑

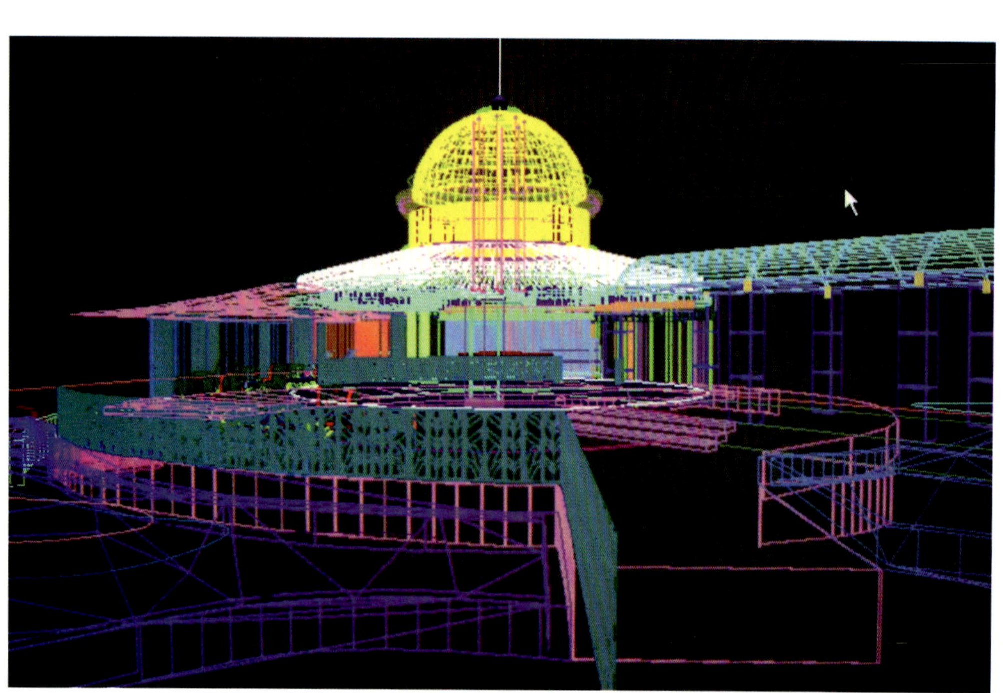

图2–41 电脑透视制图1

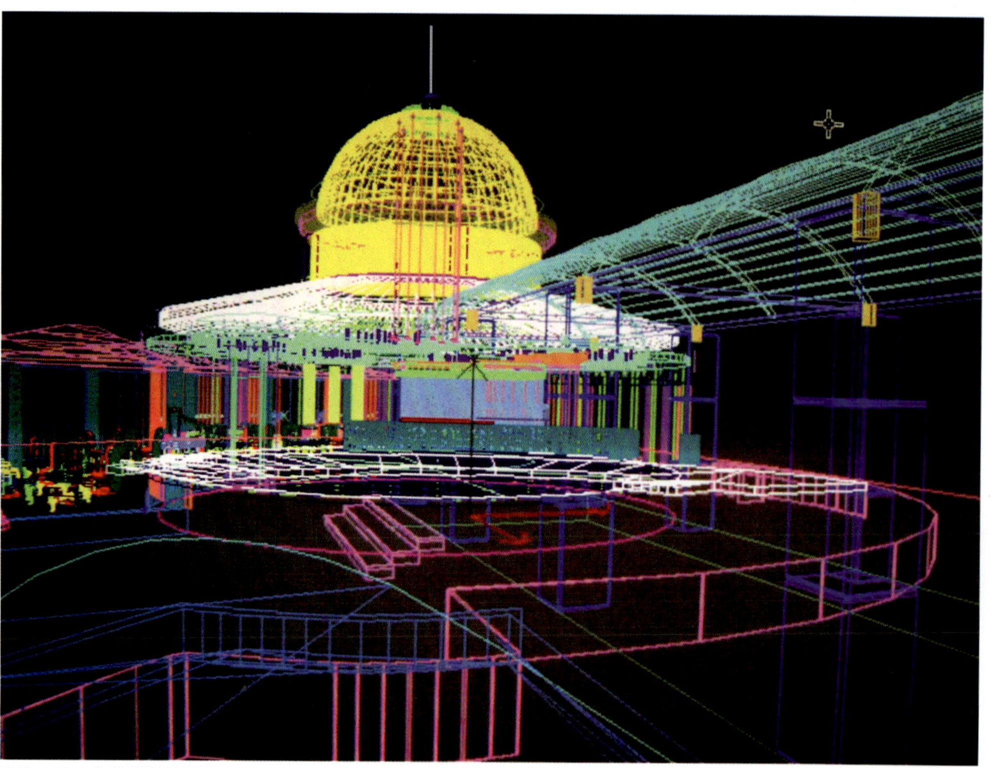

图2–42 电脑透视制图2

表现图常常由于最后配景出现错误而全盘失败。常见的错误如图2-43所示。

图2-43 配景中的错误视图

粗杆双头马克笔

按正规绘制透视图的方法，正确决定配景的尺度是可以的，但比较繁琐，不够简便灵活。而用比例控制法作图，则更简便、准确。

比例控制必要条件有：

1. 视平线的位置，在画面上应明确存在。

2. 视平线相对于地平线的高度值应在记忆中明确。

如下图中正常视高h在平面任意一点上视高都是相等的。

即：A1=A2 = A3 = h（图2-44）

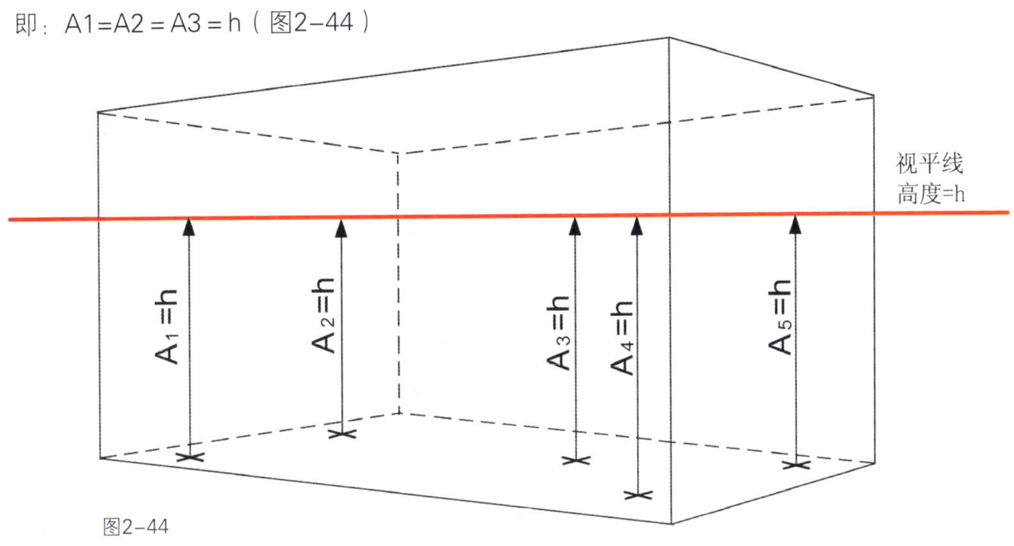

图2-44

在不同视高情况下人物配景的情况:

1. 视高1m时(图2-45);
2. 视高1.7m时(图2-46);
3. 条件比较复杂时(图2-47)。

照相机

方头尼龙笔

图2-45 视点1m高时

图2-46 视点1.7m高时

图2-47 条件比较复杂时

水溶胶带

第四节 基础技法

图2-48

一、拷贝技法

为了保证透视效果图画面的清洁（尤其是透明水色与水彩），一般在绘制前都要在描图纸或拷贝纸上绘制透视底稿，然后再将底稿拷贝到正图上。为了校正的方便，底稿最好能粘在图板的上方（尤其是水粉技法）。直接在拷贝台上描拓（图2-48）。

二、裱纸技法

水溶胶带裱纸法

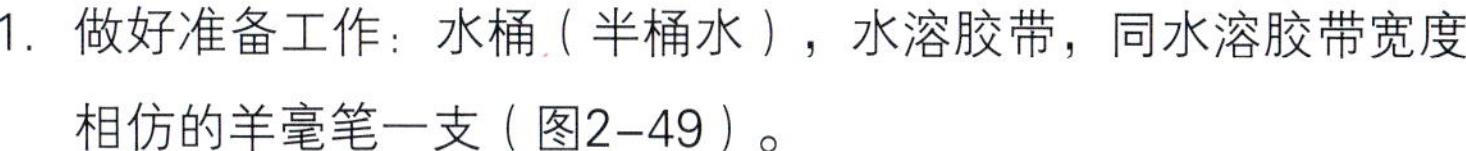

1. 做好准备工作：水桶（半桶水），水溶胶带，同水溶胶带宽度相仿的羊毫笔一支（图2-49）。

图2-49

2. 将拷贝好的透视图放于画板中央偏上的位置（图2-50）。

图2-50

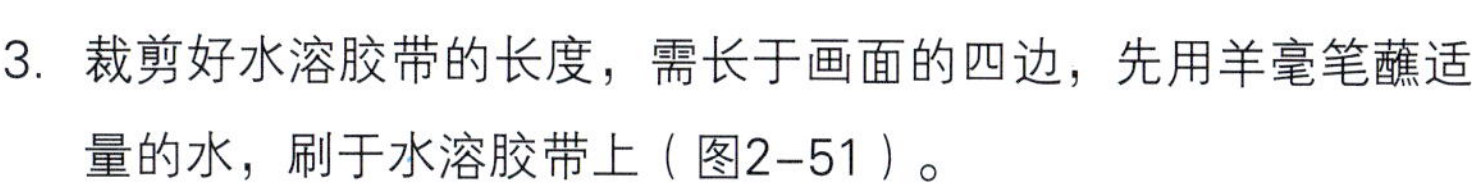

3. 裁剪好水溶胶带的长度，需长于画面的四边，先用羊毫笔蘸适量的水，刷于水溶胶带上（图2-51）。

图2-51

4. 裱纸要先裱长边，由中心位置向两边推移，压牢（图2-52）。

图2-52

5. 然后，裱相对的长边，方法同上（图2-53）。

图2-53

6. 最后，将两条短边压牢即可，等待其自然干燥，就可以作画了（图2-54）。

图2-54

羊毫毛笔

三、界尺技法

界尺是水彩、水粉、水色颜料画线不可缺少的工具。虽然直线笔是画线条的理想工具，但因为每次填入的颜料有限，且颜料易干，速度较慢，远不如界尺来得方便快捷。只是界尺画法需要有一定的使用技巧，否则线条不易平直挺拔。

1. 自制台阶式界尺：

把两把尺或两根边缘挺直的木条或有机玻璃条错开边缘粘在一起即可（图2-55）。

2. 凹槽式界尺：

在有机玻璃或木条上开出宽约4mm的弧形凹槽（图2-56）。

图2-56

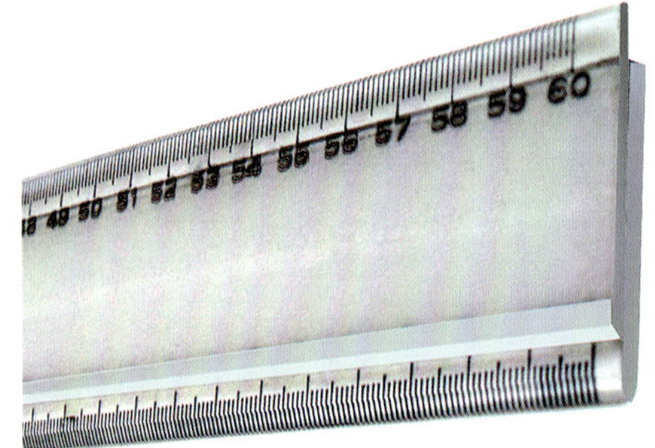
图2-55

3. 握笔的姿势：

右手握两支笔，与拿筷子的姿势完全相同。一支为衣纹或叶筋笔，蘸水粉颜料，笔头向下；另一支笔头向上，笔杆向下，端部抵在界尺槽上（图2-57）。

4. 运笔的要领：

左手握尺，同时要与画面保持一定距离，右手拇指、食指、中指控制画笔，距离尺约6～10mm处落笔于纸面。中指、无名指与拇指夹住滑槽的笔杆，由左向右，均匀用力，沿界尺移动，即可画出细而均匀的线条（图2-58）。

界尺运笔要领：

（1）使用界尺时，要注意不要直接将界尺放于画面上，以免搞脏画面（图2-59）。

（2）深入刻画时要用一张纸垫手，这个方法可以保持作品洁净（图2-60）。

图2-57

图2-59

图2-58

图2-60

第三章 表现技法的水彩技法

第一节 水彩技法的工具

1. **笔**

铅笔、普通彩色铅笔、水溶性彩色铅笔、针管笔、签字笔、色粉笔、中国画笔（叶筋，大、中、小白云）、棕毛板刷、羊毛板刷、尼龙笔（方头、尖头）、喷笔。

2. **纸**

描图纸、硫酸纸、复印纸、水彩纸（粗纹、中纹、细纹）。

3. **尺**

丁字尺、三角尺、曲线尺、界尺。

4. **颜料**

管装水彩、块装水彩。

第二节 水彩技法的特点

水彩色技法

水彩色彩淡雅，层次分明，结构表现清晰，适合表现结构变化丰富的空间环境。水彩的色彩明度变化范围小，图面效果不够醒目，作图较费时。水彩的渲染技法有平涂、叠加、退晕等。颜料分瓶装、管装、块装三类。颜料透明，便于多次叠加渲染。颜料的成品出售多为12和24色盒装，以高质量的块装水彩颜料最为好用。

曲线尺

第三节 水彩技法的方法和步骤

1. 用HB 0.3可更换笔尖铅笔直接在细纹水彩纸上打轮廓，室内有少量的弯曲部分，有时可用曲线尺。

图3–1

图3-2

2. 用大白云笔蘸与物体接近的透明水彩，涂在铅笔稿上以表现出室内大体的色调。做到心中有数，调色尽量准确。

块状水彩

图3-3

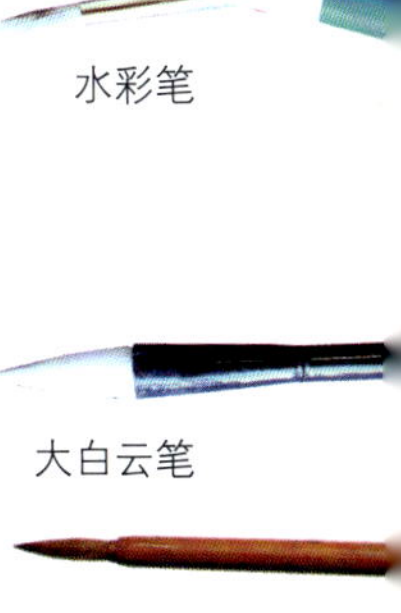
水彩笔

大白云笔

貂毛笔

中纹水彩纸

3. 当画面上的颜色完全干了以后，用小号貂毛画笔和深暗颜色刻画室内的结构和细节。用柔和轻涂的笔法描绘砖墙、木质地面。貂毛画笔具有精细的锥形笔尖和留住颜色的能力，与其他种类的画笔相比，它能使你画得精确。

4．最后，可用不透明水彩或水粉着重刻画某些需要更加突出的细节。选择那些使你感兴趣或能增强室内的独特设计的细节。但要考虑周围环境并要与之相适应，否则会破坏画面的整体性。

貂毛笔

图3-4

图3-4a　用大白云蘸水彩颜料打底，粗略地上一层基础颜色。

图3-4b　运用貂毫笔，多色混合来刻画生动的人物。

图3-4c

■ 选图为现代音乐厅，以暖色调为主，画面点染一些突出的色彩，会增强一些明快、清新的效果，使画面富有了生动的活力和很强的感染力。

洗笔

中白云

大白云

粗纹水彩纸

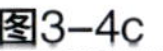

图3-4c

作者：张子轩

年级：07级

学时：12学时

尺寸：500mm×350mm

材料：水彩颜料

水彩纸反面

图3-4d 渐变退晕表现空间的进深。

图3-4e 运用界尺可表现光挺的物体。刻画细节部分的同时要时刻保持画面的整洁。

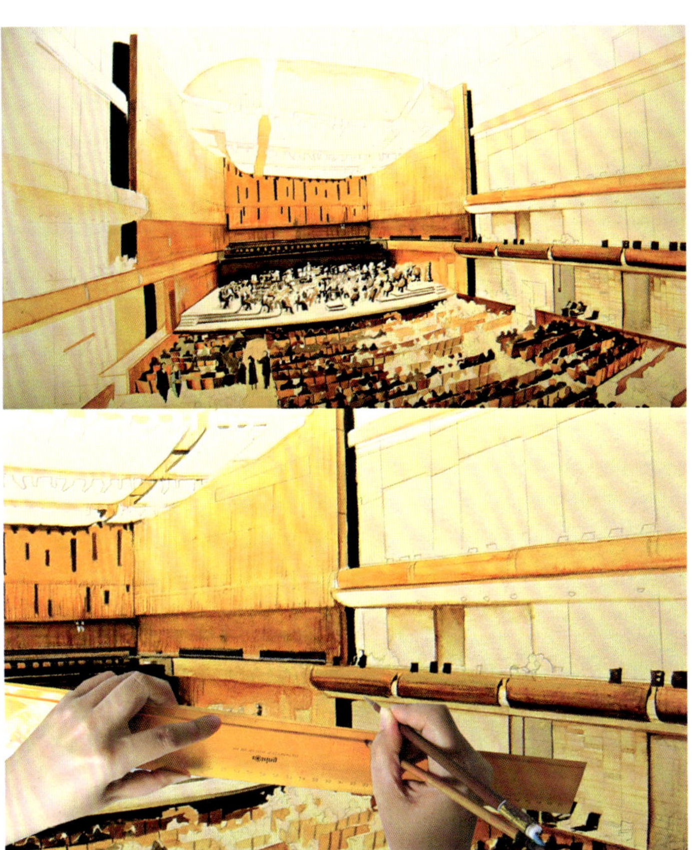

第四节 水彩技法的作品赏析

块状水彩

图3–7

作者：牛宏志
年级：03级
学时：3学时
尺寸：350mm×200mm
材料：水彩 水彩纸反面

图3–7
■ 充分发挥水彩明快、透明的特性，以表达红白植物的质感。

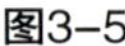

图3–5

作者：张立君
年级：00级
学时：6学时
尺寸：400mm×600mm
材料：水彩 水彩纸反面

图3–5
■ 在统一的环境中表现不同的物体质感。

图3–6

作者：姚飞
年级：01级
学时：8学时
尺寸：400mm×500mm
材料：水彩 细纹水彩纸

图3–6
■ 用概括的彩色表现光与物体的关系，使空间中的鲜花更加凸显。

图3-8

■ 先是用铅笔打稿（根据画面要求也可用针管笔等其他工具），然后是着色，由浅到深依次进行，最后可用白色提出高光。着重强调了光线的表现以及前景和后景的虚实关系。

图3-8

作者：樊瀚超

年级：07级

学时：10学时

尺寸：380mm×300mm

材料：水彩 细纹水彩纸

图3-10

■ 单色水彩先初步定好大色调，逐步由浅至深刻画，最后用水粉提出高光。

图3-10

作者：李蕊

年级：07级

学时：8学时

尺寸：290mm×410mm

材料：水彩 水粉 水彩纸

图3-9

作者：郭靓

年级：07级

学时：10学时

尺寸：400mm×265mm

材料：水彩 彩铅 水彩纸

图3-9

■ 先用水彩涂上基本颜色，确定大关系。接着由浅到深铺上固有色，区分出四个立体面，再用彩铅对具体形体进行细节修饰，最后完成。

水彩笔

图3-11　注重前后虚实的表现及色调的统一。

图3-11

作者：谭灿宇

年级：02级

学时：8学时

尺寸：420mm×594mm

材料：水彩　细纹水彩纸

图3-12　注重玻璃、木材等不同质感的表现及整个画面色彩的统一。

图3-12

作者：姜璐

年级：02级

学时：8学时

尺寸：420mm×594mm

材料：水彩　水彩纸

图3-13

作者：李晶晶

年级：02级

学时：10学时

尺寸：420mm×590mm

材料：水彩　水彩纸

图3-13

■ 注重整体色调的统一和不同质感的表现。

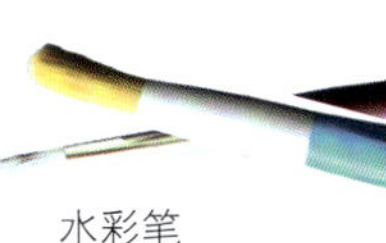

水彩笔

中纹水彩纸

图3-14
■ 注重前后虚实的表现及色调的统一。

图3-14
作者：姜璐
年级：02级
学时：8学时
尺寸：420mm×594mm
材料：水彩 细纹水彩纸

图3-15
作者：姜鹏
年级：02级
学时：0学时
尺寸：300mm×300mm
材料：水彩 水彩纸

图3-16
作者：孙凤娟
年级：99级
学时：6学时
尺寸：450mm×300mm
材料：水彩 水彩纸反面

图3-15 注意光影和质感。

图3-16
■ 运用水彩干湿相间的画法绘制出具有异域风格的建筑空间，蓝色的天空增加了空间宁静安详与安定感。

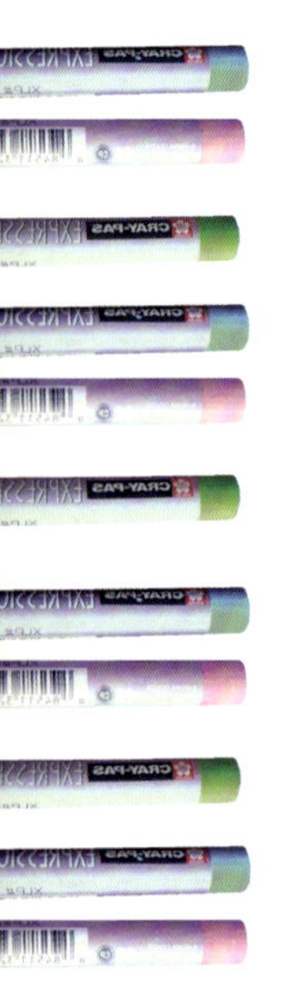
油性色粉笔

图3-17

作者：姜鹏
年级：02级
学时：10学时
尺寸：420mm×594mm
材料：水彩 细纹水彩纸

图3-18

作者：刘畅
年级：02级
学时：8学时
尺寸：420mm×594mm
材料：水彩 水彩纸

图3-19

作者：詹智嘉
年级：02级
学时：6学时
尺寸：420mm×594mm
材料：水彩 水彩纸

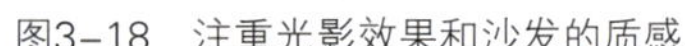

图3-17 注意光影质感的表现，注意透视。

图3-18 注重光影效果和沙发的质感。

图3-19 干净利落，明暗分明。

图3-20

■ 注意整个空间的表现和光影的表现。

图3-21

■ 运用水彩透明的特征，表现天空照下来的天光，随时间的变化会塑造出不同的光影，使室内与室外相互呼应，特别自然清雅。

图3-20

作者：姜璐

年级：02级

学时：8学时

尺寸：420mm×594mm

材料：水彩 肯特水彩纸

图3-21

作者：籍伟

年级：03级

学时：8学时

尺寸：600mm×400mm

材料：水彩 细纹水彩纸

图3-22

作者：王蓓

年级：00级

学时：8学时

尺寸：420mm×594mm

材料：水彩 中纹水彩纸反面

图3-22

■ 整个空间表现出幽雅“暖色”，且用色有深有浅，应力求一致而具统一感。

水彩笔

图3-23 通过水彩灵活的笔触追求气氛的表现。

图3-23
作者：王秀明
年级：01级
学时：10学时
尺寸：420mm × 594mm
材料：水彩 细纹水彩纸

图3-24
作者：张鸿
年级：02级
学时：8学时
尺寸：500mm × 400mm
材料：水彩 细纹水彩纸

图3-25
作者：姜璐
年级：02级
学时：8学时
尺寸：420mm × 594mm
材料：水彩 细纹水彩纸

图3-24 通过冷暖颜色来营造空间感。

图3-25 注重光感及空间感的表现。

图3-26
■ 注意光影和透视的表现，以光影效果烘托气氛。

图3-26
作者：赵玲
年级：02级
学时：8学时
尺寸：600mm×400mm
材料：水彩 细纹水彩纸

图3-27
作者：詹智嘉
年级：02级
学时：8学时
尺寸：500mm×300mm
材料：水彩 细纹水彩纸

图3-27
■ 进行冷暖色的训练，橙黄色与蓝紫色本身不是太协调的对比色，但大面积白色有稳定空间的效果。让学生掌握色彩在环境中的关系。

图3–28

■ 通过光影的描绘，表现建筑物外装饰的体量感、空间层次。

图3–28

作者：付捷

年级：01级

学时：8学时

尺寸：300mm × 400mm

材料：水彩 细纹水彩纸

图3-29　通过光影的描绘，注重不同物体质感的表现。

图3-30

■ 追求表现柔和的光线感，以表达自己对此建筑的感受。

图3-29

作者：姜鹏
年级：02级
学时：8学时
尺寸：500mm×330mm
材料：水彩　细纹水彩纸

图3-30

作者：黄然
年级：02级
学时：8学时
尺寸：600mm×400mm
材料：水彩　细纹水彩纸

图3-31

作者：黄然
年级：02级
学时：8学时
尺寸：600mm×400mm
材料：水彩　细纹水彩纸

图3-31

■ 追求建筑的体量感，强调建筑庄严的气魄。注意光线和质地的表现。剪裁下建筑外形，粘贴到色卡纸上，绘制植物和天空等配景。

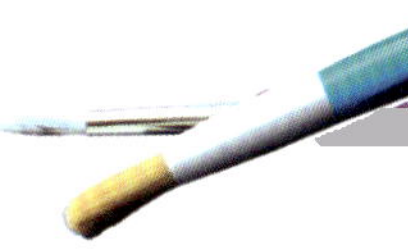

水彩笔

中纹水彩纸

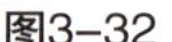

图3-32

作者：姜鹏
年级：02级
学时：10学时
尺寸：500mm×400mm
材料：水彩 细纹水彩纸

图3-33

姓名：孙凤娟
班级：艺设99-2
学时：4学时
尺寸：250mm×400mm
材料：1. 水彩 绘图纸
2. 水色 绘图纸

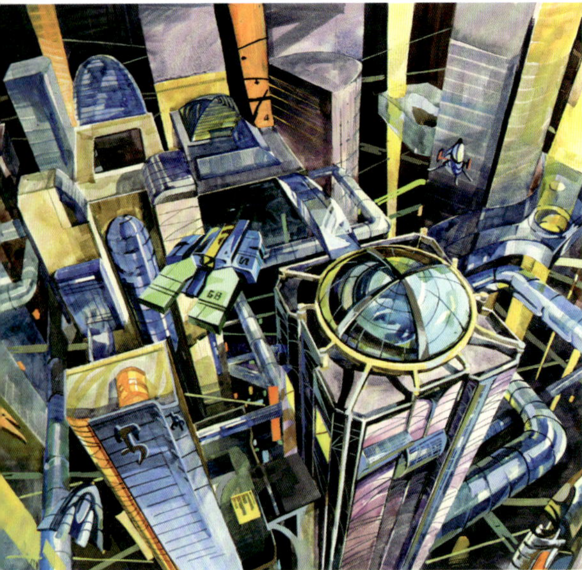

图3-32
■ 注意空间感和透视主题的表现，注意画面的疏密控制。

图3-34
■ 用冷灰色的水彩颜色绘制出建筑在阳光下的空间层次，要注意色彩之间的微弱变化。

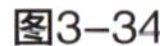

图3-34

姓名：牛宏志
班级：艺设03-3
学时：4学时
尺寸：350mm×520mm
材料：水彩 水彩纸背面

孔泰色粉笔

图3-33a

图3-33b

图3-35
■ 玻璃上的反光用铅笔来勾勒，建筑的光影强调的很准确，色彩在统一中求变化。

图3-37
■ 首先用淡水彩铺整个大颜色，把握整体关系。大色铺好后开始用彩铅从最近处的物体开始画，逐个刻画，由近至远，由实到虚，在相近的颜色中找变化。

图3-35
姓名：许子成
班级：艺设03-3
学时：8学时
尺寸：700mm×420mm
材料：水彩 水彩纸背面

图3-36
作者：杨元智
年级：04级
学时：16学时
尺寸：900mm×300mm
材料：水彩 细纹水彩纸

图3-37
作者：张攀玲
年级：07级
学时：8学时
尺寸：283mm×347mm
材料：水彩 细纹水彩纸

图3-36
■ 注重空间关系的表现，着重刻画前面的建筑及水景。

图3-38

图3-38

作者：高深
年级：07级
学时：12学时
尺寸：550mm×350mm
材料：水彩 水彩纸
步骤：1. 铅笔起稿。2. 把天空部分和室内部分铺上蓝色调，中间的灯光部分用明黄铺一遍，这样画面的色调就确定了下来。3. 深入刻画，要注意强调光感。4. 调整画面，完成。

图3-39

作者：高深
年级：07级
学时：12学时
尺寸：650mm×300mm
材料：水彩 水彩纸 喷笔
步骤：1. 先在纸上打好底稿，由于是水彩画，所以没有描墨线。2. 用卡纸剪成适当形状，盖住要遮挡区域。然后用喷笔喷出天空的颜色，再用卫生纸擦出云的样子。3. 给建筑和地面铺上大的色调，要注意用留白液留出灯光的位置。4. 进一步刻画建筑和地面，强化光影效果。5. 调整画面，完成。

图3-39

图3-40

■ 进行金属、玻璃质感的训练，让学生掌握界尺在画面上的运用，表现金属的硬朗。

图3-41

■ 通过不同笔触运用，来表达建筑的空间关系。

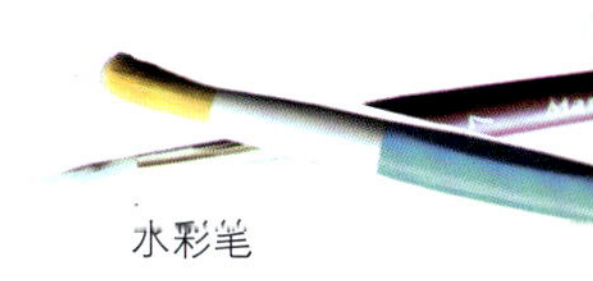

水彩笔

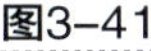

大白云笔

图3-40

作者：时蕊
年级：02级
学时：12学时
尺寸：450mm×600mm
材料：水彩 细纹水彩纸

图3-41

作者：水世伟
年级：02级
学时：8学时
尺寸：550mm×400mm
材料：水彩 水彩纸反面

图3-42

作者：孙晶
年级：03级
学时：8学时
尺寸：450mm×600mm
材料：水彩 水彩纸反面

管装水彩

图3-42

■ 进行空间训练，让学生掌握华丽华贵的装饰及材料，来表达富丽堂皇的气氛。

图3-43
■ 运用水彩的干湿结合画法绘制出具有异域风格的空间。让学生掌握色彩在环境中的关系。

图3-45
■ 利用水彩的透明性和细腻的特性，表现光线的微妙和绚丽。

图3-43
作者：陈丹
年级：01级
学时：12学时
尺寸：600mm × 450mm
材料：水彩 细纹水彩纸反面

图3-44
作者：王潇潇
年级：02级
学时：12学时
尺寸：450mm × 550mm
材料：水彩 细纹水彩纸

图3-45
作者：蔡琪
年级：03级
学时：8学时
尺寸：400mm × 550mm
材料：水彩 水彩纸

图3-44
■ 进行同类色的训练，表达不同物体在室内空间的关系，表现出精致、安定、自由的气氛。

图3-46

■ 注意气氛的渲染、人物和细节的刻画以及透明物质感的表现。

图3-47

■ 光影的表现和气氛、细节的控制以及颜色透视的变化。

图3-46

作者：姜鹏
年级：02级
学时：10学时
尺寸：500mm × 400mm
材料：水彩　细纹水彩纸

图3-47

作者：姜鹏
年级：02级
学时：10学时
尺寸：500mm × 400mm
材料：水彩　细纹水彩纸

图3-48

作者：罗卜
年级：02级
学时：8学时
尺寸：400mm × 400mm
材料：水彩　细纹水彩纸

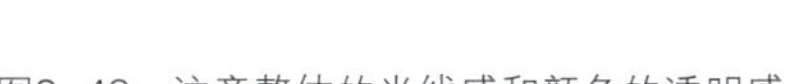

图3-48　注意整体的光线感和颜色的透明感。

图3-49
■ 注意光感的把握和对细节的处理。

图3-49

作者：罗卜
年级：02级
学时：10学时
尺寸：500mm×400mm
材料：水彩 细纹水彩纸

图3-51

作者：蔚一潇
年级：01级
学时：12学时
尺寸：600mm×400mm
材料：水彩 细纹水彩纸反面

图3-51
■ 描绘五彩缤纷的鲜花和带有图案的窗帘，各种颜色争奇斗艳，在阳光的照耀下令人神清气爽。

图3-50

作者：杨元智
年级：04级
学时：12学时
尺寸：600mm×350mm
材料：水彩 细纹水彩纸

图3-50
■ 运用水彩的厚薄相间的画法绘制出建筑物上面的华丽装饰，由哑光的质感来凸显建筑的体量感。

图3-52

■ 步骤：按其透明特性表现材质，由浅到深画，流动的笔触使画面更有灵动性。

图3-52

作者：李蕊
年级：07级
学时：8学时
尺寸：370mm×540mm
材料：水彩　细纹水彩纸　白云笔　勾线笔

图3-53

作者：柳兴中
年级：01级
学时：4学时
尺寸：250mm×350mm
材料：水彩　水彩纸反面

图3-53

■ 进行环境色的训练，让学生掌握物体色彩在环境中的相互关系。

图3-54

■ 先用铅笔轻微将图的线稿画出，然后用水彩从画面的亮部开始画，高光部分用留白液留出，然后是画面的暗部以及整个画面的色调统一的刻画。

图3-54

作者：娜仁
年级：07级
学时：25学时
尺寸：500mm×360mm
材料：水彩颜料　水彩纸　水彩笔　毛笔

块装水彩

图3-55

作者：何佳鸿

年级：07级

学时：15学时

尺寸：390mm×543mm

材料：水彩 水彩纸 水彩笔

图3-55

■ 本图采用的材料是水彩，没有添加其他材料。图中所有的高光都是留出来的。首先画的是前面的很抢眼的水果，花的时间也相对较长。然后按照从浅往深从前往后这样的顺序来画，注重细节。

图3-56

■ 通过前后虚实的变化，前面这个小船的细节抠得比较到位，后面就相对而言要放松一些，水面的处理是先用水彩刷一遍淡色，然后再画天空的蓝色倒影。其中有些地方用水粉盖了一下，能体现出水彩的灵动感。

图3-56

作者：何佳鸿

年级：07级

学时：12学时

尺寸：390mm×543mm

材料：水彩 水彩纸 水彩笔 水粉笔 花枝俏

图3-57

■ 表现建筑物外立面的质感及体量感。

图3-59

■ 利用材料的特性表现建筑物的质感及光影。

图3-57

作者：姚朋

年级：02级

学时：10学时

尺寸：600mm×400mm

材料：水彩 细纹水彩纸

图3-59

作者：朱恒

年级：02级

学时：12学时

尺寸：420mm×594mm

材料：水彩 细纹水彩纸

图3-58

■ 注意建筑的整体性和大明暗关系。

图3-58

作者：籍伟

年级：03级

学时：12学时

尺寸：500mm×400mm

材料：水彩 水彩纸

水溶性彩色铅笔

图3-60
■ 注重建筑的透视感，前景细节的准确性十分重要。

图3-60
作者：牛宏志
年级：03级
学时：8学时
尺寸：420mm×594mm
材料：水彩 细纹水彩纸

图3-61
■ 通过水彩的特性表现了阳光下建筑与水中的倒影的关系。

图3-61
作者：刘红伶
年级：03级
学时：10学时
尺寸：1028mm×800mm
材料：水彩 细纹水彩纸

水彩笔

图3-62
作者：李冰彬
年级：03级
学时：12学时
尺寸：1024mm×800mm
材料：水彩 中纹水彩纸

图3-62
■ 通过材料的特性表现了蓝色的海湾风和日丽的感觉。

图3-63
■ 这是一副光感较强，整体色调轻快的作品，而采用水彩更能表现出画面的透亮感。水分的运用和掌握是水彩技法的要点之一。水分在画面上有渗化、流动、蒸发的特性，画水彩要熟悉“水性”。充分发挥水的作用，是画好水彩画的重要条件。掌握水分应注意时机、空气的干湿度和画纸的吸水程度。

图3-65
■ 首先画出铅笔稿。然后进行大的铺色，要注意从浅到深铺开与细部刻画，加强色彩的对比。最后进行画面调整。

图3-64
■ 画面色调比较明亮比较和谐，着重表现不锈钢质感，远处处理得比较虚，以此增强空间感。

图3-63
作者：何磊
年级：07级
学时：10学时
尺寸：276mm×345mm
材料：水彩颜料 细纹水彩纸

图3-64
作者：马国顺
年级：07级
学时：16学时
尺寸：410mm×370mm
材料：水彩颜料 水彩纸

图3-65
作者：高深
年级：07级
学时：12学时
尺寸：385mm×290mm
材料：水彩 水彩纸

第四章 表现技法的水粉技法

第一节 水粉技法的工具

1. 笔

铅笔、普通彩色铅笔、水溶性彩色铅笔、针管笔、签字笔、色粉笔、中国画笔（叶筋，大、中、小白云）、棕毛板刷、羊毛板刷、尼龙笔（方头、尖头）、喷笔。

2. 纸

绘图纸、描图纸、硫酸纸、复印纸、水彩纸（粗纹、中纹、细纹）、素描纸、书写纸、铜版纸、白卡纸、黑卡纸、色卡纸。

3. 尺

丁字尺、三角尺、曲线尺、界尺。

4. 颜料

管装水粉、瓶装水粉。

第二节 水粉技法的特点

水粉色技法

水粉色表现力强,色彩饱和浑厚，不透明，具有较强的覆盖性能，以白色调整颜料的深浅。用色的干、湿、厚、薄，能产生不同的艺术效果，适用于多种空间环境的表现。使用水粉色绘制效果图,绘画技巧性强，由于色彩干湿度变化大，湿时明度较低，颜色较深，干时明度较高，颜色较浅，掌握不好易产生“怯”、“粉”、“生”的毛病。水粉色分为管装与瓶装两种。

第三节 水粉技法的方法和步骤

一、室内水粉技法的方法和步骤

范图1

图4–1

作者：李倪军

年级：02级

学时：10学时

尺寸：600mm×600mm

材料：水粉 水彩纸

图4–1a 先用针管笔勾线，勾线时要注意线条的运用及尺、曲线板等工具的使用，勾线时越细致越深入越好，有利于下一步上颜色。

图4-1b 用水彩着整体色彩，把握好整个色调及各个不同物体的颜色。

图4-1c 用水粉开始对整个画面作进一步的塑造，在这个过程中要注意不同材质应用不同饱和度的水粉刻画，如：窗户可用较透明的水彩表现，后面的布则可以用较厚重的水粉刻画。

水彩笔

图4-1d 深入刻画及整体调整阶段，这一过程中要注意把握整个大的色调，同时要深入刻画各个细节，注意相互之间的色彩关系。用厚重的水粉能表达出各种材质强烈的质感。

二、室外水粉技法的方法和步骤

范图2

图4-2

作者：张子轩

年级：07级

学时：8学时

尺寸：590mm×37mm

材料：水粉颜料 细纹水彩纸

水粉颜料

图4-2a 用铅笔起稿后开始用水彩铺第一遍底色。

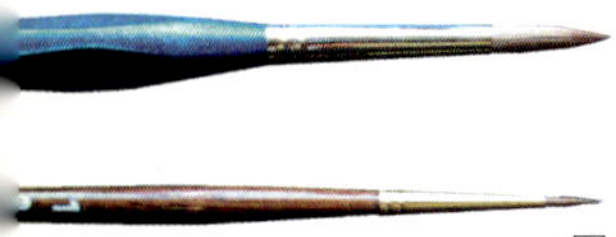

水彩笔

图4-2c 等大关色调系画好后开始细部刻画，调整色调，然后根据调整构图的需要加些东西或处理一下物体之间的关系，再加些有意思的小东西。

图4-2b 由浅到深开始画，先画前面比较近的运货机器和城铁，依次向远处画。

图4-2d 深入刻画及整体调整阶段，对色彩的提炼与概括，在统一的色调下追求细微色彩变化。

第四节 水粉技法的作品赏析

图4-3

■ 通过温暖的光感来营造一种高贵典雅的空间效果，在掌握了基本的作画步骤之后，首先借助尺规用铅笔起稿，下一步用针管笔描绘外形。在整个空间构图定稿后用水粉颜料由浅及深着色。重点区分空间的远近关系，对于前面的细节处理逼真写实，远处则虚画概括。

图4-4

■ 通过复色的练习运用对比的手法表现，表现物体的质感。

图4-5

■ 通过干湿结合的画法，来表现物体的质感，能体现纯朴的藏式风格。

图4—3

作者：李莎
年级：05级
学时：20学时
尺寸：420mm×570mm
材料：水粉颜料 细纹水彩纸

图4—4

作者：王岩
年级：03级
学时：8学时
尺寸：150mm×250mm
材料：水粉 细纹水彩纸

图4—5

作者：何佳鸿
年级：07级
学时：15学时
尺寸： 390mm×543mm
材料：水粉 水彩纸 水粉笔 花枝俏

图4—6

作者：詹芹
年级：06级
学时：6学时
尺寸：350mm×450mm
材料：水粉 细纹水彩纸

图4-6

■ 运用水粉的干湿相间的画法绘制出具有不同材质肌理效果的木质。

图4–7

■ 利用大的笔触绘制出墙面与地面，再用小笔触刻画陈设，使画面具有节奏感，增强空间的深度。

图4–8

■ 表现材质之间的对比。

图4–7

作者：李昊

年级：03级

学时：12学时

尺寸：400mm × 550mm

材料：水粉　绘图纸

图4–8

作者：孟佳琛

年级：01级

学时：4学时

尺寸：600mm × 600mm

材料：水粉　水彩纸

水粉颜料

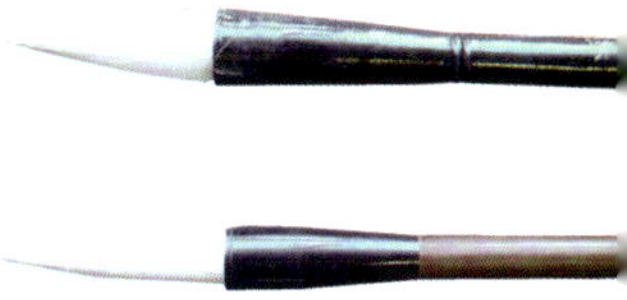

羊毫毛笔

图4–9

■ 用柔软的织物来营造优雅的气氛，不论华丽还是简朴，织物都充分体现了优雅的柔性之美。

图4–9

作者：王琛

年级：01级

学时：10学时

尺寸：500mm × 500mm

材料：水粉　绘图纸

图4-10

■ 首先画面总体颜色要偏向暖色，开始铺颜色，整体把颜色都铺上，第一遍不用太细，把物体的颜色都先给一遍，然后再从前面的物体开始画，画最前面的桌椅和地毯，其次是前面的门，最后画后面的物体，注意地面和墙还有顶棚的关系要区分开。

图4-11

■ 运用水粉的特性表现物体的光影，塑造光的层次感，使环境分外静谧、平和。因“光”扮演着此空间的“主角”。

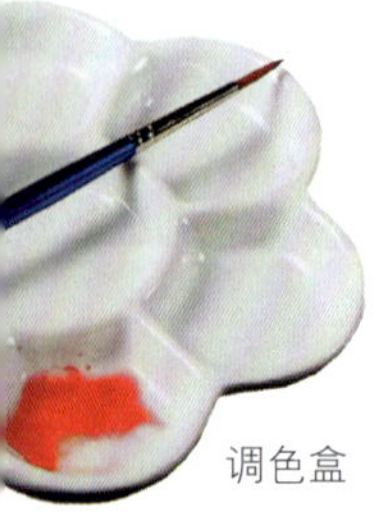

调色盒

图4—10

作者：王蕾

年级：07级

学时：12学时

尺寸：543mm×390mm

材料：水粉　水彩纸反面

图4—11

作者：丁滨

年级：01级

学时：8学时

尺寸：420mm×450mm

材料：水粉　中纹水彩纸

图4—12

作者：李昊

年级：03级

学时：8学时

尺寸：800mm×400mm

材料：水粉　水彩纸反面

图4-12

■ 表现出进深以及物体之间的空间关系。

图4-13
■ 作者追求室内空间感，色彩、材质、光感的表现。

图4-14
■ 此画着重于室内空间关系的表达。

水粉笔

图4-13
作者：姚飞
年级：01级
学时：10学时
尺寸：600mm×600mm
材料：水粉 细纹水彩纸

图4-14
作者：土岩
年级：03级
学时：8学时
尺寸：600mm×800mm
材料：水粉 水彩纸

图4—15
作者：李倪军
年级：02级
学时：10学时
尺寸：600mm×600mm
材料：水粉 水彩纸

调色盒

图4-15
■ 着重通过环境光表现物体。

图4-16

■ 本图选取居室一角，先用铅笔绘出图的线稿，再用水粉铺出大的色彩关系，最后刻画细节，同时拉开空间层次感。整个画面色调温馨，房顶以及墙面的微妙色彩明度变化凸显出屋子的光感以及空间感，铺在地面上的地毯也根据前后细节的刻画区分表现出屋子的纵深感。

图4—16

作者：娜仁

年级：07级

学时：16学时

尺寸：495mm×375mm

材料：水粉 水粉纸 水粉笔

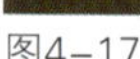

图4-17

■ 通过室内陈设使空间充分表现出华丽的古典气息，前景的雕刻也颇有文化思考。

图4—17

作者：杨真

年级：01级

学时：12学时

尺寸：400mm×600mm

材料：水粉 绘图纸

方头尼龙笔

水粉颜料

图4-18

■ 作者利用灰卡纸作为中间调子，用水粉画出周围的色调。

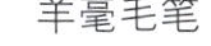

羊毫毛笔

图4-18

作者：苏善敏

年级：02级

学时：8学时

尺寸：400mm × 400mm

材料：水粉 灰卡纸

硫酸纸

图4-19

■ 用黑色卡纸做底色，流畅的笔触使灯光下的景象更加明亮。

图4-19

作者：赵冰

年级：02级

学时：8学时

尺寸：350mm × 800mm

材料：水粉 黑卡纸

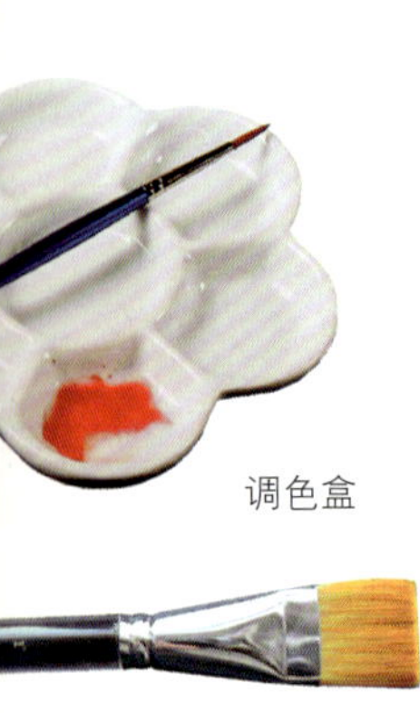
调色盒

方头尼龙笔

图4-20
作者：赵苏
年级：02级
学时：10学时
材料：水粉 水彩纸

图4-20a 210mm × 148mm
使用明暗对比表现金属质感。

图4-20b 230mm × 1380mm
该画着重研究玻璃、塑料、金属及木材的质感。

图4-20c 210mm × 297mm
着重表现沙发的织物和地面的石材质感。

图4-21
■ 从深浅不 的红黄颜色的运用中可以看出色彩是如何强化质感。后墙砖块的轮廓和肌理与皮革、瓷器对比得更加光滑，充分运用了水粉的表现力来完成形、色、质感的表达。

图4-23
■ 加强近处物体的刻画，进行空间训练，让学生掌握远近虚实的关系。

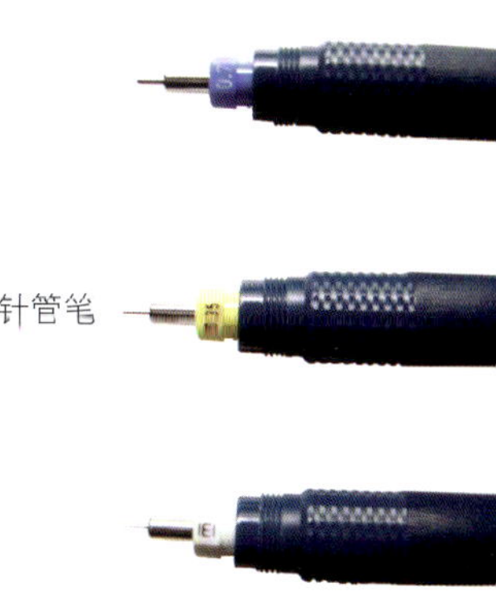

图4—23
作者：李浩
年级：06级
学时：10学时
尺寸：450mm×600mm
材料：水粉 水彩纸反面

图4—21
作者：马莎
年级：03级
学时：10学时
尺寸：600mm×400mm
材料：水粉 水彩纸

图4—22
作者：孙建刚
年级：03级
学时：12学时
尺寸：400mm×600mm
材料：水粉 细纹水彩纸

图4-22
■ 作者注重表达出清晨的光线和宁静的感觉。

图4-24

图4—24

作者：李蕊

年级：07级

学时：12学时

尺寸：370mm × 490mm

材料：水粉颜料　绘图纸　白云笔　勾线笔　喷笔

步骤：由于水粉覆盖力强，由暗部到亮部逐步画。铺完大色后，重点刻画前面的物体。

图4—25

作者：籍伟

年级：03级

学时：8学时

尺寸：600mm × 400mm

材料：水粉　细纹水彩纸

调色笔

图4-25

■ 表现正午时室内光线的感觉。

图4—26
作者：李浩
年级：06级
学时：16学时
尺寸：600mm×450mm
材料：水粉 细纹水彩纸

图4—28
作者：王岩
年级：03级
学时：16学时
尺寸：450mm×600mm
材料：水粉 细纹水彩纸

图4—27
作者：李晶晶
年级：02级
学时：15学时
尺寸：400mm×600mm
材料：水粉 细纹水彩纸

图4-26
■ 充分发挥水粉颜料表现力强，色彩饱和浑厚的特性。对学生进行不同质感的训练。

别针

■ 注意大理石地面的反光以及它的质感。需要特别注意窗外环境的处理。

图4-27

■ 整个画面充满了优雅的暖色，通过对局部的细致刻画，增强了画面的感染力。

图4-29

■ 通过特殊的视角，来表现书房的优雅环境。用水粉干湿结合的画法，充分表现自然光线下木质的色彩变化。

图4-30

■ 通过黑白强烈的反差效果，让学生掌握色彩在环境中的关系。重视画面景深的表现和对空间虚实的运用。

图4-31

■ 注意空间的层次感，充分表现空间的虚实变化和光影效果。渲染出空间内阳光照射的氛围。

图4-29

作者：詹芹
年级：06级
学时：12学时
尺寸：450mm×500mm
材料：水粉 绘图纸

图4-31

作者：张学和
年级：02级
学时：13学时
尺寸：500mm×700mm
材料：水粉 细纹水彩纸

图4-30

作者：詹芹
年级：06级
学时：12学时
尺寸：450mm×600mm
材料：水粉 水彩纸反面

图4-32
■ 注意前后的空间关系，注意灯光的效果和前面柜台玻璃的感觉。

图4-33
■ 用水粉的薄画法描绘游泳池中的倒影，用水粉的厚涂画法描绘近处物体的质感，来增强视觉的冲击力。

图4—32
作者：赵冰
年级：02级
学时：10学时
尺寸：400mm×600mm
材料：水粉 细纹水彩纸

图4—33
作者：姚飞
年级：01级
学时：16学时
尺寸：450mm×600mm
材料：水粉 水彩纸

图4—34
作者：欧阳银珠
年级：02级
学时：12学时
尺寸：600mm×400mm
材料：水粉 自做色纸

图4-34
■ 充分表现物体的质感，使前后有空间距离感，层次分明。把小细节统一在整体效果里。

图4-35
■ 注意光感的表现及空间感的表达。

图4-36
■ 让学生掌握水粉的厚薄相间的画法，绘制玻璃，刻画金属质感。注重整体性和大的明暗关系把握。

图4—35

作者：王潇潇
年级：02级
学时：10学时
尺寸：420mm×594mm
材料：水粉 细纹水彩纸

图4—37

作者：员雯
年级：03级
学时：16学时
尺寸：450mm×600mm
材料：水粉 细纹水彩纸

图4—36

作者：苏善敏
年级：02级
学时：16学时
尺寸：450mm×600mm
材料：水粉 细纹水彩纸

图4-37
■ 注重水粉颜料特性的充分发挥，利用水粉刻画细腻的特性，表现阳光下室内物体之间色彩与空间的关系。

图4—39

作者：刘晨

年级：02级

学时：16学时

尺寸：450mm×600mm

材料：水粉 绘图纸

图4–39

■ 进行空间训练，把室内空间透视以及顶棚、地面、墙面作出合理的处理，让学生掌握色彩在环境中的关系。注重空间深度的表现。

图4–38

■ 注意室内外的空间感和层次感，以及阳光的感觉。

图4—38

作者：赵冰

年级：02级

学时：10学时

尺寸：420mm×590mm

材料：水粉 细纹水彩纸

图4—40

作者：潘艳艳

年级：02级

学时：8学时

尺寸：450mm×550mm

材料：水粉 细纹水彩纸

图4–40

■ 利用室内光影的变化，来增强空间的进深，形成令人难忘的视觉冲击。

水粉笔

图4-41
■ 将水粉的特性充分发挥，使整个画面具有强烈的光影感觉。

图4-42
■ 注重色彩、质感、空间感的表现。

图4-41

作者：谭灿宇
年级：02级
学时：10学时
尺寸：500mm×800mm
材料：水粉 细纹水彩纸（黑色）

图4—42

作者：孙雪玲
年级：02级
学时：10学时
尺寸：600mm×800mm
材料：水粉 细纹水彩纸

图4—43

作者：欧阳银珠
年级：02级
学时：10学时
尺寸：400mm×600mm
材料：水粉 细纹水彩纸

图4-43
■ 突出室内外的通透感、空间感及玻璃的质感。

图4-44
■ 利用黑卡纸的黑色表现光感，将水粉的特性充分发挥使画面有强烈的光影感觉。

图4-45
■ 表现室内与室外环境的和谐统一，追求空间的进深和层次感。

图4—44
作者：赵冰
年级：02级
学时：6学时
尺寸：500mm×350mm
材料：黑卡纸 水粉

图4—45
作者：刘媛欣
年级：02级
学时：10学时
尺寸：400mm×600mm
材料：水粉 细纹水彩纸

图4—46
作者：肖霄
年级：02级
学时：13学时
尺寸：500mm×600mm
材料：水粉 细纹水彩纸

图4-46
■ 运用水粉表现出强烈的材质感和空间感。

图4-47
■ 表现出室内用餐空间的气氛和各种家具陈设的不同材质。

图4-48
■ 这是张没有完整的作品，大面积的留白很恰当地表现阳光下色彩的变化和玻璃、织物的不同质感。

图4—47
作者：姚朋
年级：02级
学时：6学时
尺寸：400mm×500mm
材料：水粉 细纹水彩纸

图4—48
作者：张欣
年级：01级
学时：6学时
尺寸：500mm×500mm
材料：水粉 绘图纸

图4—49
作者：赵冰
年级：02级
学时：10学时
尺寸：400mm×500mm
材料：水粉 细纹水彩纸

图4-49
■ 注意整个大的空间感的同时也要注意细节的描绘，这样画面才会生动起来。

图4—50
作者：潘芙蓉
年级：02级
学时：12学时
尺寸：600mm×500mm
材料：水粉 细纹水彩纸

手工刀

图4—51
作者：王蓓
年级：00级
学时：8学时
尺寸：400mm×500mm
材料：水粉 细纹水彩纸

图4—52
作者：牛宏志
年级：03级
学时：10学时
尺寸：400mm×500mm
材料：水粉 细纹水彩纸

图4-50
■ 大的色块加上细节的描绘，既具有整体感又能细腻地表现出细节。这就需要画者的思考和把握。

图4-51
■ 表现优雅古典的氛围，建筑的花纹、图案具有立体感，曲直对比很有韵味。

图4-52
■ 利用材料的特性来塑造中国古代建筑的结构和图案，体现了中国古代建筑独有的韵味。

图4－53

■ 通过干湿结合的画法训练学生，既要画出空间感，又要画出不同物体的不同质感。

图4－54

■ 首先用铅笔起稿，画出中间颜色，然后在此基础上，找颜色的变化，画出深色，提亮浅色，所有的颜色必须控制在同一个色调中。用较厚的颜色，结合不规则的笔触画出冬日冰面上鸟巢倒影的感觉，最后用白色和黄色提亮高光，让鸟巢有种通透的感觉。

图4－53

作者：张攀岭

年级：07级

学时：8学时

尺寸：350mm × 500mm

材料：水粉颜料 水彩纸

图4－54

作者：张更彪

年级：07级

学时：15学时

尺寸：590mm × 370mm

材料：水粉 细纹水彩纸

图4－55

作者：李高峰

年级：07级

尺寸：400mm × 520mm

材料：水彩水粉 水彩反面

图4－55

■ 大胆纯色的建筑装饰加上透彻的蓝天构成了一幅绚丽又带有神秘感觉的高原藏族风情画面。取景以仰视角度来感受当地当时的气息，画面形态和颜色有鲜明的区域分割，有疏有密、有实有虚。对比强烈，感受深刻。

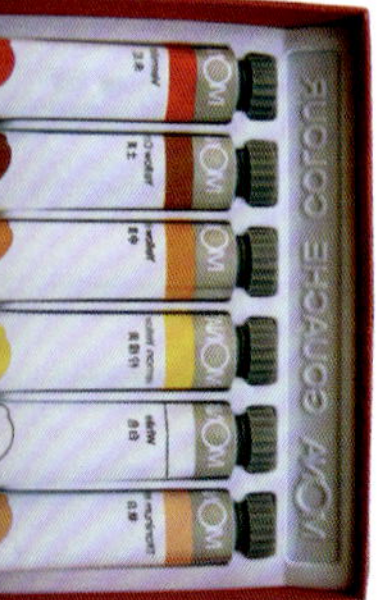

管装水彩

水粉笔

图4-56

■ 色彩是基础课中很重要的一部分，颜色要尽量调匀涂匀，而变化也要在不同的颜色组合和关系中体现出来。其次，细节的表达也是一个新的挑战，关键在于手法以及对水粉这种材料更好的认识和表现。

图4-57

步骤：1. 拓出图的轮廓。2. 掌握整张图的色彩关系。3. 从最深的颜色开始画，确定每一部分的大色调。4. 从最近处的物体开始刻画，注意画细节的同时考虑颜色之间的关系以及整体关系。5. 强调光影关系，渲染整个画面的气氛，加大色彩对比，使画面明快强烈。

图4-58

步骤：1. 铅笔起稿。2. 用卡纸盖住除天空以外的其他区域，用喷笔喷出天空的颜色，用卫生纸擦出云的样子。3. 进行建筑和船的刻画。4. 调整画面，完成。

图4-56

作者：廖羽人

年级：07级

学时：12学时

尺寸：520mm×365 mm

材料：水粉 水彩纸 反面

图4-57

作者：廖羽人

年级：07级

学时：12学时

尺寸：500mm×370mm

材料：丙烯 绘图纸

图4-58

作者：高深

年级：07级

学时：12学时

尺寸：590mm×420mm

材料：水粉 水彩纸

主要参考文献

1. 郑曙旸 主编. 室内表现图使用技法. 中国建筑工业出版社，1991
2. 张绮曼，郑曙旸 主编. 室内设计资料集. 中国建筑工业出版社，1991
3. 江苏省建筑工程局组织编写. 建筑室内装饰说图. 中国建筑工业出版社，1992
4. (美) R.麦加里，G.马德森 著. 白晨曦 译. 美国建筑画选. 中国建筑工业出版社，1996
5. 刘铁军，杨冬江，林洋 编著. 表现技法. 中国建筑工业出版社，1999
6. (美) R.S.奥列佛 著，杨径青，杨志达 译. 奥列佛风景建筑速写. 广西美术出版社，2003
7. 原黎明，王岩，董喜春 编著. 水粉水彩. 辽宁美术出版社，1997
8. 何镇强，黄德龄，何山，陈理，何为 编著. 室内设计效果图表现技法. 河南科学技术出版社出版，1996
9. ARCHITECTURAL RENDERING. Published by ROTOVISION SA Route Suisse 9 GH-1295 Mies Switzerland,1991

图片来源

图1-29 《ARCHITECTURAL RENDERING》Published by ROTOVISION SA Route Suisse 9 GH-1295 Mies Switzerland,1991

图1-30《ARCHITECTURAL RENDERING》Published by ROTOVISION SA Route Suisse 9 GH-1295 Mies Switzerland,1991

图1-35《ARCHITECTURAL RENDERING》Published by ROTOVISION SA Route Suisse 9 GH-1295 Mies Switzerland,1991

图1-37《ARCHITECTURAL RENDERING》Published by ROTOVISION SA Route Suisse 9 GH-1295 Mies Switzerland,1991

图1-38《ARCHITECTURAL RENDERING》Published by ROTOVISION SA Route Suisse 9 GH-1295 Mies Switzerland,1991

图1-40《ARCHITECTURAL RENDERING》Published by ROTOVISION SA Route Suisse 9 GH-1295 Mies Switzerland,1991

图1-42《ARCHITECTURAL RENDERING》Published by ROTOVISION SA Route Suisse 9 GH-1295 Mies Switzerland,1991

图1-43《ARCHITECTURAL RENDERING》Published by ROTOVISION SA Route Suisse 9 GH-1295 Mies Switzerland,1991

图1-44《ARCHITECTURAL RENDERING》Published by ROTOVISION SA Route Suisse 9 GH-1295 Mies Switzerland,1991

图1-31《THE ART OF ARCHITECTURAL ILLUSTRATION 2》Copyright ©1996 by Rockport Publishers,Inc.

图1-32《THE ART OF ARCHITECTURAL ILLUSTRATION 2》Copyright ©1996 by Rockport Publishers,Inc.

图1-33《THE ART OF ARCHITECTURAL ILLUSTRATION 2》Copyright ©1996 by Rockport Publishers,Inc.

图1-34《THE ART OF ARCHITECTURAL ILLUSTRATION 2》Copyright ©1996 by Rockport Publishers,Inc.

图1-36《THE ART OF ARCHITECTURAL ILLUSTRATION 2》Copyright ©1996 by Rockport Publishers,Inc.

图1-39《THE ART OF ARCHITECTURAL ILLUSTRATION 2》Copyright ©1996 by Rockport Publishers,Inc.

图6-41《THE ART OF ARCHITECTURAL ILLUSTRATION 2》Copyright ©1996 by Rockport Publishers,Inc.

图2-1《西洋素描百图》人民美术出版社，1986

图2-2《西洋素描百图》人民美术出版社，1986

图2-4《西洋素描百图》人民美术出版社，1986

图2-5《俄罗斯列宾美术学院建筑系学生作品集》辽宁美术出版社，1999

图2-6《俄罗斯列宾美术学院建筑系学生作品集》辽宁美术出版社，1999

图2-7《俄罗斯列宾美术学院建筑系学生作品集》辽宁美术出版社，1999

图2-8《世界建筑大师优秀作品集锦 RTKL》中国建筑工业出版社，1999

图2-40《世界建筑大师优秀作品集锦 RTKL》中国建筑工业出版社，1999

图2-10《世界名画家全集 凡·高》河北教育出版社，1998

图2-30《世界名画家全集 莫奈》河北教育出版社，1998

图2-31《世界名画家全集 莫奈》河北教育出版社，1998